Technische Physik

in Einzeldarstellungen

Herausgegeben von

W. Meißner, München und G. Holst, Eindhoven

5

Die
Sekundär-Elektronen-Emission
fester Körper

Von

Dr. Hajo Bruining

Natuurkundig Laboratorium der
N. V. Philips' Gloeilampenfabrieken, Eindhoven

Mit 105 Abbildungen

Berlin
Springer-Verlag
1942

ISBN-13: 978-3-642-88894-6   e-ISBN-13: 978-3-642-90749-4
DOI: 10.1007/978-3-642-90749-4

Alle Rechte, insbesondere das der Übersetzung
in fremde Sprachen, vorbehalten.
Copyright 1942 by Springer-Verlag OHG. in Berlin.

Vorwort.

Die Sekundärelektronenemission fester Körper ist eine seit etwa 40 Jahren bekannte Erscheinung. Kurz nach ihrer Entdeckung hat sie nur wenige Forscher interessiert. Als aber die Entladungsröhre in immer zunehmender Formverschiedenheit in Gebrauch genommen wurde (Verstärkerröhren, Kathodenstrahlröhren, Röntgenröhren, Photozellen usw.), ist insbesondere von seiten der Technik die Sekundärelektronenemission eingehend untersucht worden. Seit 1935, als die ersten Entladungsröhren, bei denen die Sekundärelektronenemission zur Verstärkung schwacher Elektronenströme benutzt wurde, konstruiert wurden, ist eine große Anzahl Abhandlungen experimentell-technischer und theoretischer Art veröffentlicht worden.

Als ich vor 2 Jahren aufgefordert wurde, ein Buch über die Sekundärelektronenemission fester Körper zu schreiben, war das eine schwierige Aufgabe. Die Anzahl der Veröffentlichungen über dieses Gebiet ist nämlich sehr groß, ohne daß man sagen könnte, es sei über den Mechanismus Einigkeit erzielt. Zur Erhöhung der Übersichtlichkeit und Lesbarkeit des Buches habe ich als Leitfaden die Vorstellung gewählt, die Dr. J. H. DE BOER und ich über die Sekundärelektronenemission entwickelt haben. Ich war dadurch gezwungen, eine Anzahl Versuche anderer Forscher ausführlich zu kritisieren, anderseits aber den Inhalt mancher Abhandlungen, die nach meiner Meinung wenig zur Kenntnis der Erscheinung beitragen konnten, nur kurz anzudeuten.

In Kap. I habe ich eine allgemeine Einleitung gegeben, in Kap. II wird die Meßmethodik beschrieben. Kap. III und IV geben eine Übersicht über die Sekundäremissionskoeffizienten der Metalle bzw. der Metallverbindungen. In Kap. IV wird auch der „MALTER-Effekt" ausführlich besprochen. Kap. V handelt über den Einfluß von Fremdatomen und Molekülen auf die Sekundärelektronenemission. Kap. VI und VII sind dem Mechanismus der Sekundärelektronenemission gewidmet. Kap. VI hat die Absorption der Sekundärelektronen, Kap. VII den Mechanismus der Energieübertragung zum Gegenstand. Aus Kap. VII geht deutlich hervor, daß unsere Kenntnis noch viele Lücken hat und eine Theorie, die alle beobachteten Erscheinungen beschreibt, noch immer fehlt. Schließlich habe ich in Kap. VIII die Anwendungen der Sekundärelektronenemission beschrieben und auch die Fälle, in denen die Sekundärelektronenemission als unerwünschte Erscheinung unterdrückt werden soll.

Ich möchte allen denen meinen Dank aussprechen, die mir während der Zeit meiner Beschäftigung mit der Sekundärelektronenemission im Natuurkundig Laboratorium der N. V. Philips Gloeilampenfabrieken mit ihrem Rate zur Seite gestanden haben.

Herrn Prof. Dr. G. HOLST möchte ich dafür danken, daß er mir Gelegenheit gegeben hat, das Problem so ausführlich zu studieren und ein kleines Buch über diesen Gegenstand zu schreiben. Mit Herrn Dr. J. H. DE BOER führte ich viele Gespräche, aus denen sich zahlreiche auch in dieses Buch aufgenommene Gedanken ergaben. Mit den Herren Dr. M. C. TEVES und Dr. C. F. VEENEMANS habe ich mannigfache Fragen durchsprechen können. Herrn Dr. H. BREMMER verdanke ich wertvolle Ratschläge für die Zusammenstellung der Kap. VI und VII.

Dem Springer-Verlag möchte ich meinen Dank aussprechen für die traditionelle Güte des Druckes und der Ausstattung des Buches.

Eindhoven, Februar 1942.

H. BRUINING.

Inhaltsverzeichnis.

I. Einleitung.

§ 1. Unterscheidung von Sekundärelektronen verschiedener Art.

Wenn geladene Teilchen mit einer gewissen Geschwindigkeit Materie treffen, so sendet sie Elektronen aus. Diese Elektronen tragen den Namen „Sekundärelektronen". Das vorliegende Buch handelt von der Sekundärelektronenemission, deren Ursache die Beschießung mit Elektronen ist, die wir durch das Beiwort „primär" kennzeichnen wollen. Es ist die Sekundärelektronenemission bestimmter Gruppen von festen Stoffen zu betrachten.

Die Sekundärelektronenemission wurde im Jahre 1902 von Austin und Starke[5, 6] entdeckt*. Beide Forscher fanden bei der Messung der Reflexion von Kathodenstrahlen an Metalloberflächen, daß unter gewissen Umständen die getroffene Metallplatte eine größere Elektronenzahl aussenden kann, als sie einfängt. Diese Erscheinung beweist, daß die auffallende Primärstrahlung Elektronen in der Platte freimacht.

Später wurden die Erscheinungen von Lenard und seinen Schülern weiter untersucht. Lenard[1] hat folgende Gruppen von Elektronen unterschieden:

1. „Sekundärstrahlung", die als „die durch Einwirkung vorerwähnter primärer Kathodenstrahlung auf Materie aus letzterer neu entstehende Kathodenstrahlung" definiert wurde. Die Elektronen, welche in dieser Weise durch die Oberfläche heraustreten, wurden von Lenard mit „Oberflächensekundärstrahlung" bezeichnet. Wenn der Stoff in der Form einer genügend dünnen Platte untersucht wird, so tritt diese Strahlung nicht nur an der Seite aus, wo die Primärelektronen die Platte treffen, sondern auch an der Seite, wo sie die Platte wieder verlassen. Lenard hat deshalb zwischen Sekundärstrahlung „an der Eintrittsseite" und „an der Austrittsseite" unterschieden.

In diesem Buche werden wir uns hauptsächlich mit der Sekundärstrahlung an der Eintrittsseite beschäftigen. Die aus der Austrittsseite tretende sekundäre Strahlung ist nur verhältnismäßig wenig untersucht worden. Dagegen ist die aus der Eintrittsseite tretende Strahlung Gegenstand zahlreicher Messungen geworden; sie ist für die Technik eine wichtige Erscheinung, weil sie in allen Elektronenröhren auftritt und die Wirkungsweise dieser Röhren wesentlich beeinflussen kann.

2. „Rückdiffundierte Strahlung". Lenard bezeichnete mit „Diffusion" das Resultat der Bahnkrümmungen der Elektronen** bei den

---

* Die in hochstehenden Ziffern gesetzten Zahlen beziehen sich auf das am Ende des Buches zusammengestellte Schrifttumsverzeichnis.

** Gemeint sind hier die Primärelektronen.

Atomdurchquerungen. Wenn die Bahnrichtung bei diesen Durchquerungen sich um 90° oder mehr ändert, so wurde von „Rückdiffusion" gesprochen. Bei der Beschießung von Oberflächen findet man demnach diese rückdiffundierten Elektronen unter den aus der Eintrittsseite kommenden Sekundärelektronen. Neben der Rückdiffusion prägt LENARD für die Erscheinung des Zurückwerfens eines Elektrons infolge eines einzigen Stoßes mit einem Atom den Begriff „Reflexion".

Die hier genannte Unterscheidung hat LENARD auf Grund der Beobachtung gemacht, daß es unter den austretenden Elektronen zwei mehr oder wenig deutlich getrennte Gruppen gibt: eine langsame Gruppe mit einer Energie von der Größenordnung 10 eV (nahezu unabhängig von der Energie der Primärelektronen) wurde als Sekundärstrahlung angesehen und eine schnellere Gruppe enthielt die rückdiffundierten Elektronen. Ein Beispiel einer solchen Trennung werden wir im nächsten Abschnitt näher besprechen.

Ein anderes Verfahren zur Unterscheidung der verschiedenen Arten „Sekundärelektronen", das sich oft im Schrifttum findet, ist das folgende*:

LENARD:

Sekundärelektronen ⟵————————⟶ Sekundärstrahlung

(Primär)elektronen, welche einen oder viele unelastische Zusammenstöße erfahren haben ⎫
(Primär)elektronen, welche elastisch (ohne Energieverlust) gestreut worden sind ⎭ ⟵⟶ Rückdiffundierte und reflektierte Strahlung

Die Terminologie, die gebraucht wird, ist also sehr verschieden. Während die von LENARD eingeführten Begriffe Rückdiffusion und Reflexion sich auf die *Bahnen* der Primärelektronen in der untersuchten Materie beziehen, sagen die Ausdrücke „elastisch" und „unelastisch" etwas über die *Energieverluste* der Primärelektronen aus.

§ 2. Bestimmung der Energieverteilung der Sekundärelektronen.

In diesem Abschnitte wollen wir mitteilen, auf welche Weise eine Klassifikation der Sekundärelektronen mittels des Experiments möglich ist. Die Bestimmung der Energieverteilung kann auf zwei Weisen geschehen:

1. mittels einer magnetischen Ablenkungsmethode zur Bestimmung der Sekundärelektronenzahl, deren Energie zwischen E und $(E+dE)$ liegt;

2. mittels einer Gegenfeldmethode (elektrisches Verzögerungsfeld), wodurch sich die Sekundärelektronenzahl mit einer Energie größer als E bestimmen läßt.

---

* HENGSTENBERG, J. u. K. WOLF: Elektronenstrahlen und ihre Wechselwirkung mit Materie. Hand- und Jahrbuch der chemischen Physik, Bd. VI, 1 A, S. 234. 1935.

Abb. 1 stellt die Energieverteilung dar, welche von STEHBERGER[67] (LENARD-Schule) mit dem Verzögerungsfeld gemessen worden ist. Die Abszisse gibt die Gegenspannung, die Ordinate den Bruchteil der Sekundärelektronen, die das angesetzte Gegenfeld durchlaufen können. Wenn

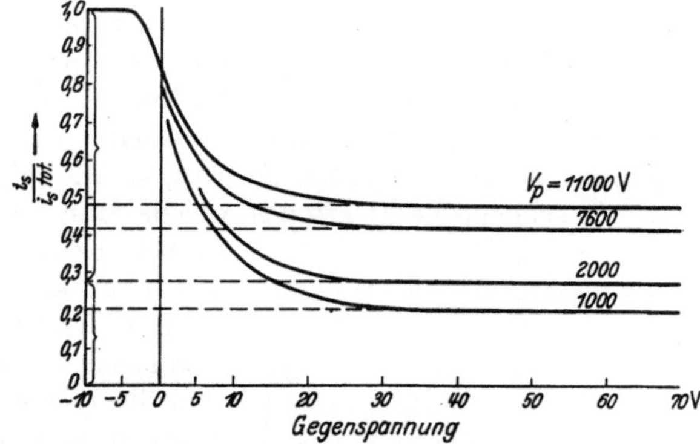

Abb. 1. Energieverteilung der von einer Goldplatte ausgesandten sekundären und rückdiffundierten Elektronen. (Nach STEHBERGER[67].)

die Sekundärelektronen alle nach dem Kollektor gezogen werden (negative Abszisse), so läuft die Kurve den Abszissen parallel. Bei einer geringen Gegenspannung sinkt die Kurve sehr schnell, bei größerer Gegenspannung

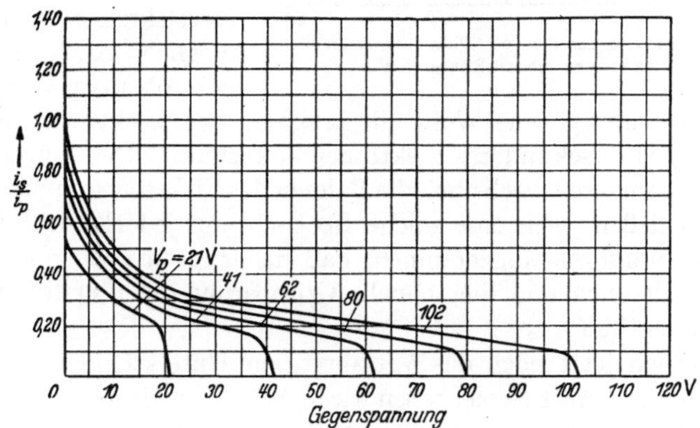

Abb. 2. Energieverteilung der von einer Kupferplatte ausgesandten Sekundärelektronen. (Nach FARNSWORTH[39].)

ergibt sich wieder eine horizontale Strecke. In der Abbildung ist angegeben worden, auf welche Weise man nach STEHBERGER rückdiffundierte und sekundäre Strahlung trennen kann. Dies geschieht durch Verlängerung der horizontalen Strecke, die bei einer Gegenspannung von etwa 30 V anfängt, bis die Ordinate geschnitten wird. Bei $V_p = 2000$ V entfallen so 27% auf rückdiffundierte und das übrige auf sekundäre Strahlung.

Abb. 2. zeigt die von FARNSWORTH[39] mit Hilfe eines Verzögerungsfeldes gemessene Energieverteilung von Sekundärelektronen, die von Kupfer emittiert werden. Wie in Abb. 1 gibt auch hier die Abszisse die Gegenspannung; die Ordinate gibt die Sekundärelektronenzahl je einfallendes primäres Elektron, die das angesetzte Gegenfeld durchlaufen kann. Die verschiedenen Kurven beziehen sich auf verschiedene V_p, die hier viel kleiner sind. Wie in Abb. 1 fällt die Kurve bei kleiner Gegenspannung rasch; wächst diese, so zeigt die Kurve einen sinkenden, beinahe geradlinigen Verlauf, der in Abb. 1 horizontal ist. Wenn die Gegenspannung etwas kleiner als V_p gemacht wird, so fällt der Sekundärelektronenstrom sehr schnell; die Elektronen, welche dann den Kollektor erreichen können, sind elastisch reflektiert.

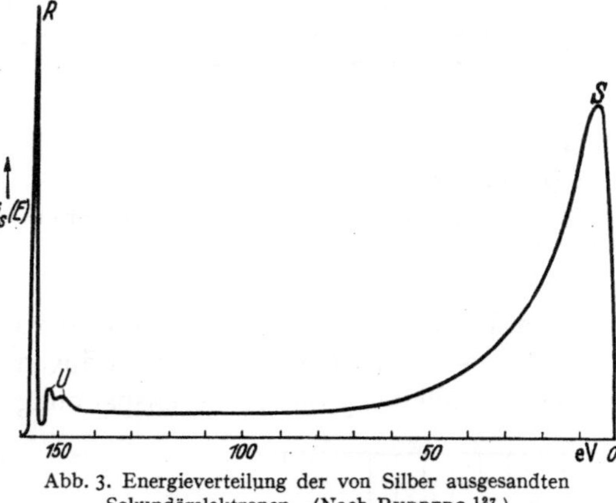

Abb. 3. Energieverteilung der von Silber ausgesandten Sekundärelektronen. (Nach RUDBERG [127].)

Ein Vergleich der Abbildungen 1 und 2 zeigt, daß die Trennung in eine langsame und eine schnelle Gruppe, wie sie in Abb. 1 durchgeführt worden ist, in Abb. 2 nicht mehr gelingt. Im allgemeinen ist eine solche Trennung bei Gebrauch langsamer Primärelektronen nicht mehr möglich. Auch ist es fraglich, ob man wirklich auf die in Abb. 1 angegebene Weise die ausgesandten Elektronen in rückdiffundierte und sekundäre Elektronen unterteilt. Das würde exakt nur möglich sein, wenn sich auch die Bahnen der Elektronen in der Materie beobachten ließen; weil eine solche Beobachtung jedoch nicht möglich ist, hat STEHBERGER angenommen, daß die langsame Gruppe nur die Sekundärelektronen und die schnelle Gruppe nur die rückdiffundierten Elektronen enthält.

Wir werden jetzt noch das Verfahren zur Unterscheidung nach der Energie erörtern. Als Beispiel geben wir in Abb. 3 eine Energieverteilungskurve, die mittels einer magnetischen Ablenkungsmethode erhalten wurde. Das Metall ist Silber, das sehr genau von RUDBERG[127] untersucht worden ist. Die Kurve zeigt verschiedene Maxima. Das breite, hohe Maximum S hat eine von der Energie der Primärelektronen unabhängige Lage und wird also von den Sekundärelektronen verursacht. Das Maximum R wird von den Primärelektronen, die elastisch reflektiert sind, verursacht. Der Abstand der Maxima U und R ist unabhängig von der Energie der Primärelektronen. Die Maxima U* werden offenbar von Primärelek-

---

* Die Maxima U sind nur zu beobachten, wenn die Energieverteilung mit Hilfe einer magnetischen Ablenkungsmethode gemessen wird.

tronen verursacht, die eine bestimmte Energiemenge verloren haben und unelastisch reflektiert sind. Es ist natürlich möglich, daß die unelastisch gestreute Elektronenzahl größer ist, doch kann man sie als solche nicht erkennen. Das mit der Abszissenachse parallel laufende Kurvenstück wird vermutlich von einer Mischung aus Sekundärelektronen mit unelastisch gestreuten Primärelektronen gebildet, oder in der LENARDschen Sprechweise, von Sekundärelektronen und rückdiffundierten Elektronen.

§ 3. Das Sekundäremissionsvermögen.

Aus den hier gegebenen Beispielen zeigt sich, daß nur die elastisch gestreuten Primärelektronen mit Sicherheit abzutrennen sind. Abb. 2 läßt erkennen, daß die elastische Reflexion mit wachsender Energie der Primärelektronen abnimmt. Während die elastisch reflektierten Elektronen bei kleinem V_p noch einen recht beträchtlichen Teil der „totalen" sekundären Strahlung bilden (z. B. bei $V_p = 20$ V etwa 40%), wird dieser Teil bei größerem V_p immer kleiner und beträgt bei 100 V weniger als 10%.

Die elastische Reflexion ist nicht für alle Oberflächen die gleiche; z. B. ist sie für elektropositive Metalle kleiner als für die elektronegativen. Bei kleinerem V_p ist sie für die Verbindungen der elektropositiven Metalle[165b] am größten.

Anderseits zeigt sich, daß eine Trennung in rückdiffundierte und Sekundärelektronen oder in unelastisch gestreute und Sekundärelektronen nur ungefähr, in vielen Fällen gar nicht möglich ist. Weil nun die langsamsten Elektronen am häufigsten vorkommen, so haben im Laufe der Zeit viele Verfasser die Gewohnheit angenommen, alle ausgesandten Elektronen als *Sekundärelektronen* zu bezeichnen, indem dabei stillschweigend angenommen ist, daß alle ausgesandten Elektronen von den einfallenden Primärelektronen aus dem Material gelöst worden sind. Diese, allerdings nicht ganz richtige Annahme ist sehr nützlich, wenn es sich um grobe Effekte handelt; geht es z. B. um die technisch wichtige Frage, welche Stoffe sehr viel oder sehr wenig Sekundärelektronen aussenden können, so kann man das Sekundäremissionsvermögen recht gut definieren als das Verhältnis δ des total ausgesandten sekundären Elektronenstromes zum primären Elektronenstrom.

Wenn die Messungen jedoch mit langsamen Primärelektronen ausgeführt sind, wobei, wie schon bemerkt, ein beträchtlicher Teil der Primärelektronen elastisch reflektiert wird, oder wenn es um kleine Effekte geht, so muß man sich immer dessen bewußt sein, daß die soeben gemachte Annahme nicht ganz richtig ist und der total ausgesandte Sekundärelektronenstrom außer Sekundärelektronen im LENARDschen Sinne auch (elastisch oder unelastisch) gestreute Primärelektronen enthält. Bisweilen ist dieser Umstand nicht berücksichtigt worden. Wir werden dafür noch einige Beispiele geben.

II. Meßanordnungen und Methoden.

§ 1. Meßanordnungen zur Bestimmung der Ausbeute an Sekundärelektronen.

a) Röhre mit Elektronenstrahl. Die Fähigkeit zur Aussendung sekundärer Elektronen wird durch die Zahl der von einem Primärelektron im Mittel ausgelösten Sekundärelektronen ausgedrückt. Diese Zahl wollen wir mit δ andeuten (Kap. I). Den Faktor δ kann man z. B. mit dem in Abb. 4 dargestellten Gerät[165] bestimmen. Der Wolframfaden F ist die Quelle der primären Elektronen und ist von einem Zylinder C umhüllt, der die Elektronen auf der Mündung des Kanals G konzentriert. Die durch die Öffnung in C tretenden Elektronen werden mittels der Elektronenkanone G zu einem Bündel vereinigt, das die Platte T, derer Sekundäremissionsvermögen zu bestimmen ist, trifft. Die ausgestrahlten Sekundärelektronen werden auf der Kugel S gesammelt. Die Platte T kann mit verschiedenen Stoffen bedeckt werden; dazu ist sie mit einem Stab R verbunden, dessen Ende ein Eisenstück IP trägt, durch das die Platte mit einem Magneten in den Kolbenhals N gezogen werden kann. Die zu untersuchenden Stoffe sind auf Heizwendeln F_1, F_2 angebracht und können auf die Platte aufgedampft werden*. Durch diese Konstruktion besteht die Möglichkeit die Herstellung der Platte und die Messung in der gleichen Röhre durchzuführen, so daß die Platte nach der Herstellung nicht mehr der Einwirkung der Luft ausgesetzt zu werden braucht.

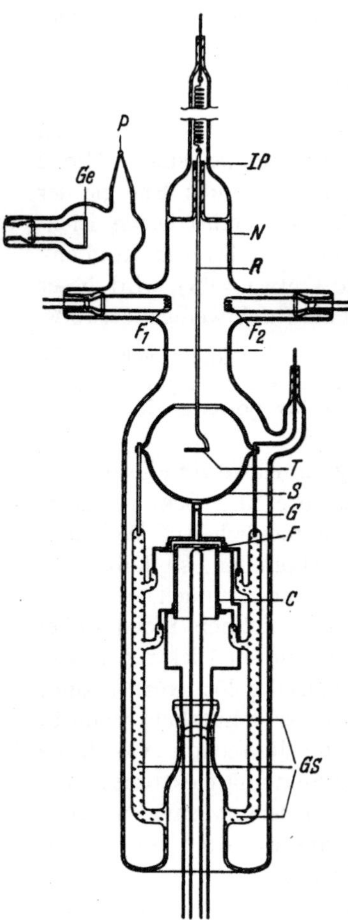

Abb. 4. Meßgerät zur Bestimmung der Sekundärelektronenausbeute[165].
F Wolframdraht, Quelle der Primärelektronen; C Zylinder; G Elektronenkanone; T Platte, derer Sekundäremissionsvermögen zu bestimmen ist; S Kugel, Sammelelektrode der von T emittierten Sekundärelektronen; R Stab; IP Eisenstück; N Kolbenhals; $F_1 F_2$ Heizwendel; Ge Platte, worauf Gettermaterial; P Abschmelzspitze.

---

* Die verschiedenen, in der Literatur angegebenen Anordnungen mit Elektronenstrahl zeigen eine große Übereinstimmung. Im besonderen sei hier noch ein von FARNSWORTH[52a] angegebenes Gerät erwähnt, das für Versuche mit langsamen Primärelektronen geeignet ist. Auch mit einer gewöhnlichen BRAUNschen Röhre sind Messungen dieser Art natürlich möglich, wenn für eine gute Abführung der Sekundärelektronen mittels einer speziellen Elektrode Sorge getragen wird.

Wird das Potential der Kugel S höher genommen als das von T, so werden alle von T emittierten Elektronen zur Kugel hin gezogen: man mißt also den Totalsekundärelektronenstrom. Wird das Potential von T dagegen niedriger genommen, so können nicht alle Elektronen S erreichen, sondern nur diejenigen, die mit einer zur Überwindung der angelegten Gegenspannung ausreichenden kinetischen Energie emittiert werden. Wird z. B. das Potential von S nur einige Volts höher als das von F gemacht, so können nur diejenige „Sekundärelektronen" S erreichen, deren Energie fast der Energie der Primärelektronen gleich ist. Es ist also möglich, die Primärelektronen, die elastisch reflektiert sind, abzutrennen.

Man wird sich fragen, ob bei der gegebenen Anordnung nicht die Möglichkeit besteht, daß Primärelektronen, die G verlassen haben, den Kollektor S direkt erreichen, besonders, wenn man den totalen sekundären Elektronenstrom mißt. Diese Gefahr ist aber sehr gering, wenn die Fläche von T senkrecht zur Achse von G steht. In dem Fall ist ja die Feldstärke, senkrecht zu der von den Primärelektronen gefolgten Bahn, gleich Null. Wird T jedoch schief gestellt (Änderung des Einfallswinkels der Primärelektronen), so ist diese Feldstärke nicht mehr gleich Null, und man muß immer der Möglichkeit Rechnung tragen, daß die Primärelektronen direkt nach S gezogen werden können, wenn das Potential von S höher ist als das von T[158, 165a].

b) Triode. Auch mit Hilfe einer gewöhnlichen Triode ist es möglich, das Sekundäremissionsvermögen zu messen. Jedoch ist mit einer Triode nicht diejenige Genauigkeit zu erreichen, die man mit dem in Abb. 4 abgebildeten Gerät erzielt. Auch die elastisch reflektierten Elektronen sind nicht abzutrennen. Die Konstruktion einer Triode ist aber viel einfacher.

In der in Abb. 5 abgebildeten Triode werden die Primärelektronen von der Kathode K, die durch die Glühwendel H erhitzt werden kann, geliefert. Die Stoffprobe wird am besten auf der Innenseite der Anode A aufgetragen. Die Potentialdifferenz V_g zwischen dem Gitter G und der Kathode wird größer als die Potentialdifferenz zwischen Anode und Kathode, V_a genommen, damit die Sekundärelektronen von der Anode zu dem Gitter hin gezogen werden. Ein Teil si_k des primären Kathodenstromes wird unmittelbar vom Gitter aufgefangen. Der Strom $(1-s)i_k$ erreicht die Anode und verursacht einen Strom i_s von Sekundärelektronen. Ist δ der Sekundäremissionskoeffizient der Anodenoberfläche, so ist:

$$i_s = \delta\,(1-s)i_k. \tag{1}$$

δ kann durch getrennte Messung des Gitterstromes i_g und des Anodenstromes i_a bestimmt werden. Der Anodenstrom ist:

$$i_a = (1-s)\,i_k - i_s. \tag{2}$$

Der Gitterstrom ist:

$$i_g = s\, i_k + i_s. \tag{3}$$

Eliminierung von i_k und i_s aus Gleichung (1) bis (3) ergibt:

$$\delta = 1 - \frac{i_a}{(1-s)\,(i_g + i_a)}. \tag{4}$$

Daß ein Teil $s i_k$ der Primärelektronen unmittelbar vom Gitter aufgenommen wird, ist ein Nachteil, weil der Faktor s nicht leicht genau zu bestimmen ist. Die in Abb. 4 wiedergegebene Aufstellung ist frei von diesem Nachteil und das Verfahren ist daher genauer. Mit der Triode wird man etwas kleinere Werte für δ finden als mit der in Abb. 4 abgebildeten Apparatur. Dies wird dadurch verursacht, daß Sekundärelektronen, welche von der Anode freigemacht worden sind, durch die Gittermaschen gezogen werden, zwischen Gitter und Kathode umkehren, zum zweiten Male durch die Gittermaschen fliegen und auf die Anode zurückfallen. Auch ist der Einfallswinkel der Primärelektronen nicht definiert, weil die Gitterdrähte eine Abbiegung verursachen können[165c].

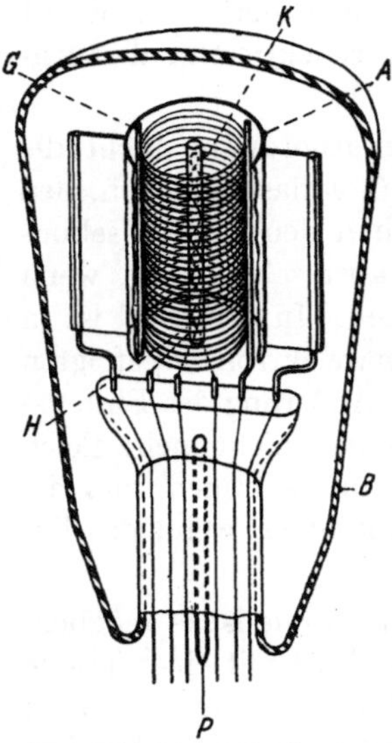

Abb. 5. Triode zur Bestimmung der Sekundärelektronenausbeute der Anode. K Kathode; H Glühwendel; G Gitter; A Anode; B Glaskolben.

Trotz dieser Nachteile wird die Triode oft für Meßzwecke gebraucht. Wir möchten daher einige Methoden[190a] erwähnen, nach denen der Faktor s bestimmt werden kann, welcher Faktor, wie schon gesagt, maßgebend ist für die Verteilung der Primärelektronen über Gitter und Anode. Das einfachste wäre, eine geometrisch ähnliche Triode herzustellen, welche mit Elektroden, die keine Sekundärelektronen aussenden können, versehen war. Eine derartige Oberfläche ist bis jetzt nicht bekannt, so daß man einen Kunstgriff benutzen muß.

Die älteste Methode ist von VAN DER POL[33] und von TANK[30] angegeben worden. VAN DER POL und TANK haben die Bemerkung gemacht, daß die primären Gitter- und Anodenströme nur Funktion vom Quotienten V_g/V_a sind oder, anders gesagt, daß die Verteilung der primären Elektronen über Gitter und Anode die gleiche bleibt, wenn V_g/V_a konstant gehalten wird. Durch Messung von i_g und i_a bei niedriger V_g und V_a, wenn die Sekundärelektronenausbeute gering ist, kann man durch Extrapolation nach größerer V_g und V_a die Verteilung der Primärströme bestimmen. In dieser Weise eliminiert man jedoch nur zum Teil die Sekundärelektronenemission, weil δ z. B. für $V_p = 5$ V von der Größenordnung 0,20 ist (man hat hier hauptsächlich mit elastisch reflektierten Elektronen zu tun). Auch müssen die Kontaktpotentialdifferenzen und die Anfangsenergien der Primärelektronen bei diesen Messungen natürlich genau bekannt sein.

In dieser Hinsicht ist ein von DE LUSSANET DE LA SABLONIÈRE[94] vorgeschlagenes, graphisches Verfahren besser, nach dem es möglich ist, die Verteilung der Primärelektronen durch Messungen mit größerer V_g und V_a zu bestimmen. Vorausgesetzt wird, daß die Geschwindigkeit der Sekundärelektronen klein ist, gegenüber der der Primärelektronen, so daß bei einer bestimmten Kraftlinienkonfiguration nicht nur dieselben

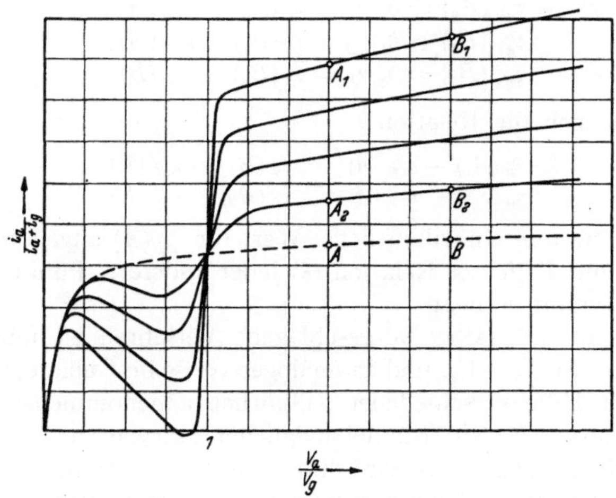

Abb. 6. $\dfrac{i_a}{i_a + i_g}$ als Funktion von $\dfrac{V_a}{V_g}$. Methode zur Bestimmung der Verteilung des Primärelektronenstromes über Gitter und Anode in einer Triode. (Nach DE LUSSANET.)

Bahnen der primären Elektronen, sondern auch der sekundären Elektronen auftreten. Die Methode von DE LUSSANET wird in Abb. 6 wiedergegeben *. In dieser Abbildung ist als Funktion von V_g/V_a der Anodenstrom i_a ausgesetzt **; bei der Bestimmung der Kurven ist die Summe $i_g + i_a$ konstant gehalten. Für jede Kurve ist V_g konstant. Die gestrichelte Kurve stellt den noch unbekannten Verlauf des primären Anodenstromes i_{ap} dar. Im Gebiete wo $V_a > V_g$ ist, sind die Punkte $A_1 B_1$, $A_2 B_2$, A und B angegeben; in diesem Gebiete werden die Sekundärelektronen vom Gitter zur Anode gezogen. Der Anodenstrom i_a besteht also aus den Sekundärelektronen, die vom Gitter emittiert werden (i_{gs}) und den Elektronen, die von der Kathode stammen (i_{ap}).

Die Größe des vom Gitter ausgesandten sekundären Elektronenstromes in den Punkten A_1, B_1, A_2 und B_2 wird von einem Produkt von zwei Faktoren gebildet, nämlich:

---

* Der Verfasser hat diese Methode verwendet zur Bestimmung der Verteilung in einer Tetrode. Wegen der Einfachheit beschreiben wir sie hier für den Fall einer Triode.

** In Abschn. II/3 wird die Gestalt der Kurven ausführlich erklärt.

1. dem Sekundäremissionskoeffizienten δ des Gitters, der jede Kurve entlang konstant ist, weil V_g konstant ist;

2. einem Sättigungskoeffizienten γ, der für einen gegebenen Wert der Abszisse V_a/V_g denselben Wert hat (der Quotient V_a/V_g bestimmt die Bahn der Elektronen).

Wenn nun mit i_{gs} der vom Gitter emittierte sekundäre Elektronenstrom angedeutet wird, so findet man in den vier Punkten A_1, B_1, A_2 und B_2:

$$i_{gs}(A_1) = \delta_1 \gamma_A = i_a(A_1) - i_{ap}(A),$$
$$i_{gs}(A_2) = \delta_2 \gamma_A = i_a(A_2) - i_{ap}(A),$$
$$i_{gs}(B_1) = \delta_1 \gamma_B = i_a(B_1) - i_{ap}(B),$$
$$i_{gs}(B_2) = \delta_2 \gamma_B = i_a(B_2) - i_{ap}(B).$$

Hieraus läßt sich die Relation:

$$\frac{i_a(A_1) - i_{ap}(A)}{i_a(A_2) - i_{ap}(A)} = \frac{i_a(B_1) - i_{ap}(B)}{i_a(B_2) - i_{ap}(B)} \tag{5}$$

ableiten. Wenn nun ein willkürlicher Wert für $i_{ap}(A)$ angenommen wird, so läßt sich mit Hilfe der Relation (5) jeder andere B-Punkt der Kurve berechnen, worauf A liegt.

Das von DE LUSSANET vorgeschlagene Verfahren ist folgendes: In dem Gebiete, wo $V_a > V_g$, und in analoger Weise im Gebiete, wo $V_a < V_g$ ist, wird mit Hilfe verschiedener willkürlich angenommener Punkte A und der Relation (5) ein Bündel möglicher Kurven für i_{ap} gezeichnet (Abb. 7). Die richtige Kurve wird durch diejenigen Exemplare der beiden Bündel gebildet, die verlängert zusammenfallen. Das Verfahren arbeitet ziemlich genau, wie in Abb. 7 angedeutet wird.

Ein Verfahren, das gleichfalls auf der Annahme beruht, daß die Geschwindigkeit der Sekundärelektronen viel geringer ist als die der Primärelektronen, ist von LANGE[41] angegeben worden. Durch Anlegen eines Magnetfeldes sollte es demnach möglich sein, die Sekundärelektronen zur Elektrode, die sie emittiert hat, zurückzutreiben, während die Primärelektronen nur wenig abgebogen werden. Tatsächlich gelingt eine Trennung in dieser Weise, falls man die Differenz zwischen V_g und V_a nicht zu groß nimmt (die Sekundärelektronen nicht zuviel beschleunigt).

Schließlich ist von HYATT[61] eine etwas andere Methode gegeben worden. Von diesem Verfasser wird eine Triode gebraucht, bei der die „Kathode" keine Elektronen, sondern Ionen emittiert (Caesium-Ionen). Das Gitter wird zuerst auf negatives Potential, die Platte auf positives Potential gebracht in bezug auf die Ionenquelle. Die von den Ionen auf dem Gitter freigemachten Sekundärelektronen werden zur Platte gezogen; die Sekundärelektronenzahl, die je Ion freigemacht wird, kann man mithin sofort bestimmen. Wenn nun Gitter und Platte (in der Elektronenröhre „Anode") negativ in bezug auf die Ionenquelle gemacht werden, so kann man aus den gemessenen Strömen die Verteilung der die beiden Elektroden treffenden Ionenströme berechnen. Weil die

Bahnen von Ionen und Elektronen bei gleicher Feldkonfiguration dieselben sind, so kennt man auch die Verteilung der primären Elektronenströme in einer geometrisch gleichen Elektronenröhre. In der ersten seiner Verhandlungen zeigt HYATT, daß die Elektronenverteilung unabhängig von den angelegten Spannungen ist, wenn $V_a > 0{,}2\,V_g$ ist; in der zweiten Verhandlung, wenn $V_a > 0{,}75\,V_g$ ist.

Die Ursache dieses Unterschiedes muß wahrscheinlich dem Gebrauch verschiedener Röhren zugeschrieben werden. In beiden Fällen war der

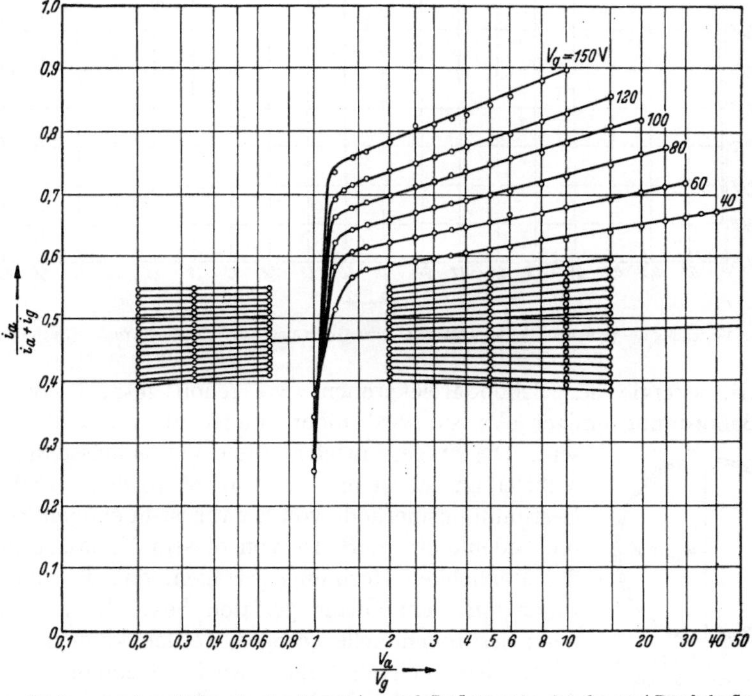

Abb. 7. Bestimmung des primären Anodenstromes i_{ap} nach DE LUSSANET. Aus den zwei Büscheln Geraden werden diejenigen Exemplare gewählt, die verlängert zusammenfallen.

Bruchteil des Stromes, der das Gitter erreicht, gleich dem Teil der Anodenoberfläche, der, von der Kathode aus gesehen, vom Gitter bedeckt wird.

Auf theoretischem Wege ist von TELLEGEN* eine Formel abgeleitet worden für die Stromverteilung in einer Triode, sie lautet:

$$i_g = \frac{2c}{l}\sqrt{\frac{V_g}{V_s}}\, i_e \tag{6}$$

wo: $2c =$ Diameter der Gitterdrähte,

$l =$ Distanz der Gitterdrähte,

$V_s =$ mittleres Potential in der Gitterfläche,

$i_e = i_g + i_a$.

---

* TELLEGEN, B. D. H.: Physica Haag, Bd. 6 (1926) S. 113.

Die Formel ist gültig für eine unendlich ausgedehnte, flache Triode; bei der Ableitung ist vorausgesetzt, daß $2\pi c \ll l$ und l klein ist gegenüber dem Abstand vom Gitter zur Kathode bzw. Anode.

Es ist klar, daß alle Methoden, die hier beschrieben worden sind, mehr oder weniger Näherungsverfahren sind. Zum Beispiel ist die

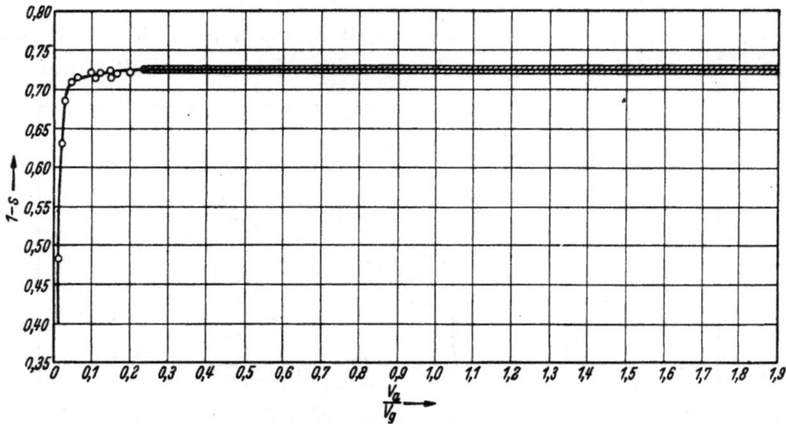

Abb. 8. Verteilung des primären Elektronenstromes über Gitter und Anode in einer Triode. (Nach Hyatt.)

Austrittsenergie der Sekundärelektronen, wie schon gesagt, von der Größenordnung einiger eV; sie wird nicht immer zu vernachlässigen sein. Die Frage, inwiefern diese Vernachlässigung gerechtfertigt ist, ist nie beantwortet worden. Auch die Bestimmungsmethode von Hyatt ist in einigen Punkten bedenklich; z. B. ist von diesem Verfasser nicht der Möglichkeit Rechnung getragen, daß die von den Ionen auf dem Gitter gelösten Sekundärelektronen nach der Ionenquelle gezogen werden können.

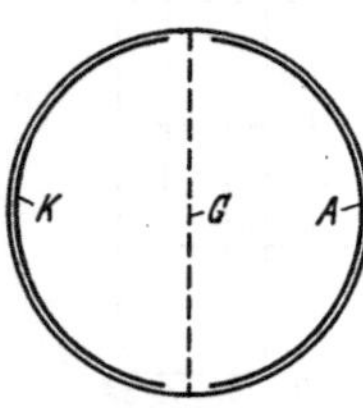

Abb. 9. Photozelle mit sekundäremittierender Elektrode und Anode. (Nach Penning und Kruithof.)

In den meisten Fällen wird angenommen, daß der Bruchteil der Elektronen, der das Gitter trifft, gleich dem Teil der Anode ist, der vom Gitter bedeckt wird [Resultat von Hyatt (Abb. 8)] *.

c) Messung des Sekundäremissionsvermögens mittels einer Triode mit einer photoelektrischen Kathode und einer photoempfindlichen sekundäremittierenden Elektrode (Penning und Kruithof [113]). Eine der von Penning und Kruithof benutzten Zellentypen wird gezeigt in Abb. 9. Die Kathode und die Anode sind auf der Glaswand der Röhre aufgebracht; es sind Elektroden vom Ag-Cs₂O-Cs-Typus. Bei Bestrahlung mit Licht gibt nicht nur K (die Kathode), sondern auch die

---

* Nach Abschluß der Korrektur wurde der Verfasser mit einer Verhandlung von Myers [158a] bekannt, der durch Messung der in Anode und Gitter aufgenommenen Energie die Verteilung des Primärelektronenstroms bestimmt hat.

Anode A (die sekundäremittierende Elektrode) eine photoelektrische Emission.

Der Ausdruck des Sekundäremissionsvermögens der Anode bekommt die Gestalt:

$$\delta = 1 - \frac{i_a + i_{a_{ph}}}{(1-s)\,(i_a + i_g)}\,,$$

wobei $i_{a_{ph}}$ der von der Anode photoelektrisch emittierte Strom ist.

§ 2. Messung des Sekundäremissionsvermögens fadenförmiger Körper.

Mit den bisher besprochenen Apparaturen hatten die sekundäremittierenden Proben die Form einer Platte oder die Stoffproben waren auf eine Platte niedergeschlagen. Wenn der sekundäremittierende Stoff jedoch aus irgendeinem Grund hoch erhitzt werden muß, so kann der Gebrauch einer Platte Schwierigkeiten bieten; z. B. benötigt man zur Erreichung einer genügend hohen Temperatur viel Energie, wodurch auch andere Teile in der Röhre eine höhere Temperatur bekommen können, was zu Gasabgabe Veranlassung geben kann.

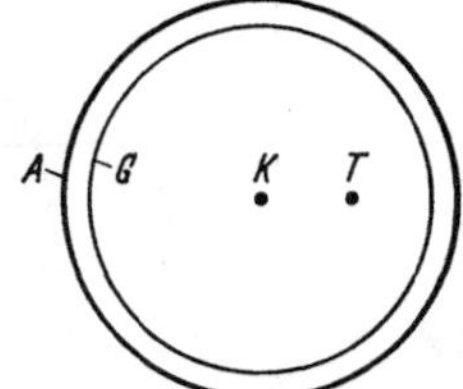

Abb. 10. Meßgerät zur Bestimmung des Sekundäremissionsvermögens fadenförmiger Körper. (Nach TRELOAR.)

In solchen Fällen ist eine Messung an Drähten geeignet, weil die zur Erhitzung benötigte Energie bei Drähten viel kleiner ist. Es ist natürlich nicht möglich, daß alle von einer Kathode ausgesandten Primärelektronen den in Frage stehenden Draht treffen. Auch die umringende sekundärelektronensammelnde Elektrode wird von Primärelektronen getroffen. Bei Messungen an Drähten muß man also immer die Verteilung der Primärelektronen bestimmen, was im Prinzip nach einer der im vorigen Paragraphen genannten Methode möglich ist.

Von TRELOAR[131] ist jedoch eine spezielle Meßmethode angegeben worden, die genauer ist. Abb. 10 zeigt die von ihm benutzte Apparatur. K ist die primäre Kathode, T der zu untersuchende Draht, G ein Gitter, das auf Kathodenpotential gehalten wird, A die Anode. Zur Messung der Sekundärelektronenemission von T wird die Potentialdifferenz zwischen A und K, V_a, so hoch genommen, daß das Potential in der Gitterfläche hoch genug ist, daß alle Sekundärelektronen von T nach A gezogen werden. Wird V_a aber erniedrigt, so entsteht ein Potentialminimum zwischen T und A, und die Sekundärelektronen von T können A nicht mehr erreichen. In diesem Zustand mißt man also die Verteilung der Primärelektronen; es zeigt sich, daß der von T eingefangene Primärstrom $i_p \sqrt{V_p/V_a}$ proportional ist (V_p ist die Potentialdifferenz zwischen T und K), ein Resultat, das man auch aus theoretischen Überlegungen erwarten würde. Die von TRELOAR gefundenen Werte stimmen gut mit den von anderen Autoren an Platten bestimmten Daten überein. Jedoch werden bei größerer V_p höhere Werte für δ gefunden als bei Platten, weil ein Faden nicht senkrecht durch Elektronen getroffen wird (s. Kap. VI über die Absorption der Sekundärelektronen).

§ 3. Messung der Sekundärelektronenemission nichtleitender Stoffe.

Durch Dielektrika sind im allgemeinen anfüllende oder wegführende Elektronentransporte nicht möglich; eine Bestimmung des Sekundäremissionsvermögens mittels einer Messung der primären und sekundären Elektronenströme ist also auch nicht immer möglich.

Eine Messung der Ströme kann nur stattfinden, wenn die Schichten genügend dünn sind. Eine sehr dünne Schicht kann z. B. mittels Verdampfung hergestellt werden [86, 87]. Auch kann man, wenn es sich um eine Metallverbindung handelt, zuerst das Metall in einer dünnen Schicht aufdampfen und nachher die Verbindung bilden [165].

Bei Benutzung von Plättchen oder bei Spritzung des isolierenden Stoffes auf ein Trägermetall ist es nicht möglich, Ströme zu messen. Man beobachtet sofort Aufladungserscheinungen, wodurch das Oberflächenpotential des Isolators nicht mehr definiert ist*.

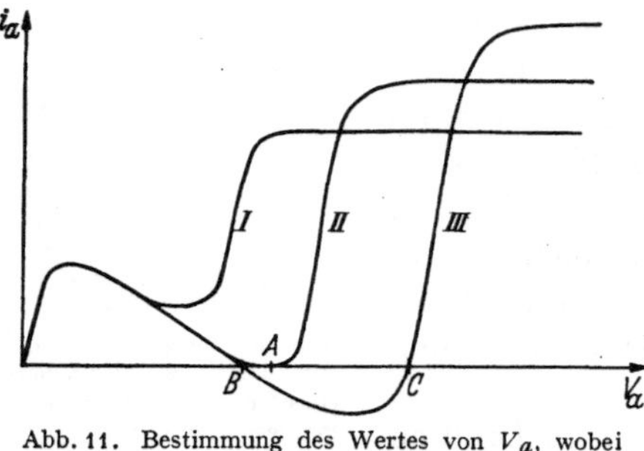

Abb. 11. Bestimmung des Wertes von V_a, wobei $\delta = 1$ ist.

Wir wollen in diesem Abschnitt einige Methoden besprechen, die es ermöglichen, das Sekundäremissionsvermögen zu bestimmen, auch wenn kein Elektronentransport stattfinden kann. Für das Potential der Oberfläche können zwei Fälle eintreten und zwar:

a) gar keine Elektronen können die Oberfläche erreichen,

b) die von der Oberfläche weggeführte Sekundärelektronenzahl ist gleich der Primärelektronenzahl.

Im Fall b) kann, mittels des folgenden Experimentes [165d] (Abb. 11) angegeben werden, bei welcher Energie der Primärelektronen das Sekundäremissionsvermögen gleich 1 ist.

In der Triode (Abb. 5) wird der Anodenstrom i_a bestimmt als Funktion der Anodenspannung V_a, wobei die Gitterspannung V_g konstant gehalten wird. In Abb. 11 sind drei solche Kennlinien für drei verschiedene Werte von V_g gezeichnet. Vorausgesetzt ist, daß die Emission der Kathode

---

* Von WEHNELT und seinen Schülern [68] sind zahlreiche Experimente beschrieben worden, bei denen das Sekundäremissionsvermögen isolierender Plättchen gemessen wurde mit einem Gerät, das dem in Abb. 4 abgebildeten entspricht. Die Richtigkeit der Deutung dieser Messungen ist jedoch fraglich, weil die Verfasser meistens nicht der obengenannten Oberflächenaufladung Rechnung getragen haben. Auf die falsche Deutung der Meßergebnisse hat neuerdings SALOW [219] gewiesen.

gesättigt ist und daß die Energie der Primärelektronen, εV_a, kleiner ist als die Energie, bei der die Sekundärelektronenemission den maximalen Wert hat. Läßt man V_a vom Wert Null ab wachsen, so wächst i_a anfänglich, weil die Primärelektronen infolge der verringernden Abbiegung der Gitterdrähte die Anode leichter erreichen können. Wächst V_a weiter, so durchläuft i_a ein Maximum, um nachher abzunehmen. Dieser Verlauf wird verursacht durch das Aussenden einer immer größer werdenden Sekundärelektronenzahl, die vom Gitter eingefangen wird. Bei noch größerer V_a folgt ein Minimum, worauf i_a eine schnelle Steigung zeigt. Dieses Steigen wird verursacht durch den Umstand, daß die Feldstärke zwischen Gitter und Anode eine entgegengesetzte Richtung bekommt. Die von der Anode emittierten Elektronen können das Gitter nicht mehr erreichen, während die Sekundärelektronen, die vom Gitter stammen, zur Anode gezogen werden. Bei sehr großer V_a wird i_a konstant *.

Von den drei gezeichneten Kennlinien schneidet *I* die Abszisse nur im Nullpunkt; Kurve *II* berührt außerdem Punkt *A*, während Kurve *III* die Abszisse im Ursprung und in den Punkten *B* und *C* schneidet. Letztere Kurve werden wir zuerst beobachten. Wenn die Anode von einer isolierenden Schicht bedeckt ist, kann die Oberfläche auf Kathodenpotential sein oder das zu Punkt *C* gehörende Potential haben. Der „Zustand" *B* ist nämlich labil**.

Es gibt also zwei mögliche Einstellungen. Verkehrt die Anodenoberfläche im Zustand *C*, was man mittels eines elektrostatischen Voltmeters beobachten kann, so sinkt das Potential, wenn V_g sinkt. Wird die Kennlinie *II* passiert, so gibt es außer dem Ursprung keinen Schnittpunkt mehr mit der Abszisse. Die Anode kommt auf Nullpotential, was vom elektrostatischen Voltmeter gezeigt wird. In dieser Weise kennt man die Lage von Punkt *A* und kennt die Energie der Primärelektronen, bei der das Sekundäremissionsvermögen gleich 1 ist.

Diese Angabe kann wichtig sein, wenn es um Änderungen an der Oberfläche im Laufe der Zeit (z. B. durch Adsorption von Metallatomen) geht. Wenn Punkt *A* sich nach geringerer V_a bewegt, dann steigt das Sekundäremissionsvermögen; bewegt *A* sich nach größerer V_a, so sinkt dieses.

Neuerdings ist von SALOW [219] eine Methode beschrieben worden, durch die es möglich ist, das Sekundäremissionsvermögen von isolierenden

---

* Vgl. die Beschreibung des Dynatrons in Kap. VIII, S. 96.
** Vgl. H. BARKHAUSEN: Elektronen-Röhren, S. 105. Leipzig 1931. — Messungen dieser Art fordern eine zuverlässige Methode zur Bestimmung des Oberflächenpotentials. NELSON [184b] hat bei Messungen in BRAUNschen Röhren die Außenwand des Glaskolbens mit einem elektrostatischen Voltmeter verbunden und das Glas mittels eines geheizten Luftstromes erwärmt, damit die Leitfähigkeit der Glaswand zur Potentialbestimmung ausreicht. HAGEN und BEY [148] spannten vor der beschossenen Oberfläche einen dünnen Elektrometerfaden, dessen Ausschlag ein direktes Maß für das Oberflächenpotential ist.

Platten zu messen bei willkürlicher V_p. Die von SALOW angegebene Versuchsanordnung ist in Abb. 12 wiedergegeben. Inmitten des Auffängers S befindet sich die Platte P aus isolierendem Material. Auf die

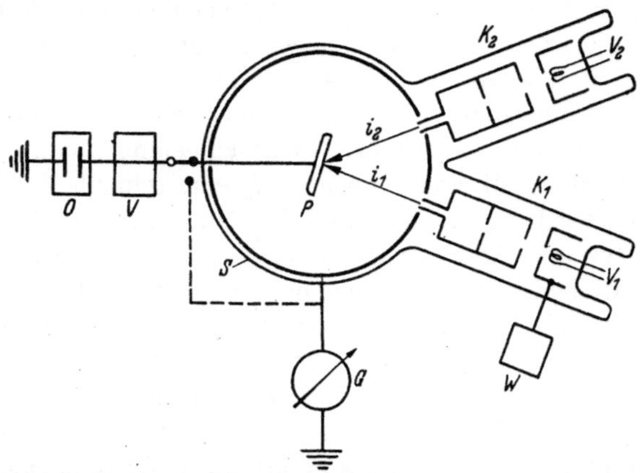

Abb. 12. Meßgerät zur Bestimmung des Sekundäremissionsvermögens isolierender Platten. (Nach SALOW.)

Platte fallen gleichzeitig zwei Elektronenströme i_1 und i_2. Der Gleichstrom i_2 besteht aus Elektronen mit einer derartigen Energie, daß das Sekundäremissionsvermögen des Schirmes kleiner als 1 ist. Der Strom, i_1, ist ein pulsierender Strom (Wechselfrequenz 50000 Hz); die Elektronen dieses Stromes haben eine derartige Energie, daß das Sekundäremissionsvermögen größer als 1 ist. Wenn nur der Strom i_1 floß, so stellte sich auf der Isolatorplatte ein Potential ein, das dem Potential des Auffängers S ungefähr gleich war; wenn nur der Strom i_2 floß, so nahm die Oberfläche der Platte das Potential V_2 an (V_2 ist das Potential der Kathode, die den Strom i_2 emittiert).

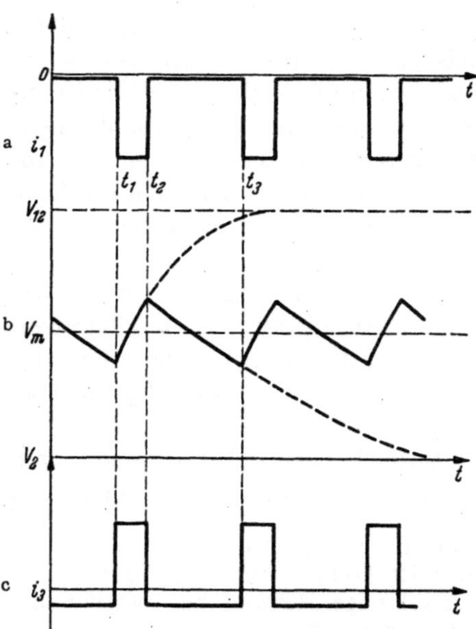

Abb. 13 a—c. Zeitlicher Verlauf von Strömen und Spannungen im SALOWschen Meßgerät.

In Abb. 13 ist als Funktion der Zeit der Strom i_1, das Potential der Oberfläche der Isolatorplatte und den Verlauf des Verschiebungsstromes i_3, der über den von der Platte gebildeten Kondensator fließt, gezeichnet. Das mittlere Potential der Platte sei V_m. Zur Zeit t_1 setzt der Strom i_1

ein, ein Strom $-(\delta-1)\,i_1$ verläßt die Platte. Bei t_2 wird der Strom i_1 abgebrochen und die Rückladung mittels des Stromes i_2 beginnt. Bei t_3 wird i_1 wieder eingeschaltet usw. Wenn C die aufgeladene Kapazität ist, so läßt sich die folgende Relation aufschreiben (α ist Konstante):

$$C \cdot V(t) = -(\delta-1) \int_0^t i_1(t)\, dt + \alpha\, i_2 \cdot t\,.$$

Hieraus folgt durch Differentiation:

$$C\,\frac{dV(t)}{dt} = i_3(t) = -(\delta-1)\,i_1(t) + \alpha\, i_2\,. \tag{7}$$

i_3 kann mit dem Oszillographen gemessen werden. Da der Gleichstrom i_2 nicht mitgemessen wird, so besteht eine sehr einfache Relation zwischen i_3 und i_1, woraus δ sich sofort bestimmen läßt.

Aus Versuchen, die SALOW mit einer Nickelplatte durchgeführt hat, zeigte sich, daß die direkte Methode der δ-Bestimmung und die Methode mit den zwei Elektronenstrahlen gleiche Ergebnisse liefern *.

§ 4. Messung der Energieverteilung der Sekundärelektronen **.

Die Energieverteilung der von einer Platte ausgesandten Sekundärelektronen kann nach zwei Methoden bestimmt werden, nämlich nach der Gegenfeldmethode und der magnetischen Methode.

Die Gegenfeldmethode wurde schon kurz im ersten Abschnitt dieses Kapitels besprochen (vgl. Abb. 2). Wenn in der in Abb. 4 abgebildeten Apparatur das Potential der Kugel um einen Betrag V_s Volts niedriger genommen wird als das Potential der Platte T, so können nur diejenigen der Sekundärelektronen die Kugel erreichen, deren Energie $\varepsilon\,V_s$ eV oder größer ist.

Wenn die Energieverteilung durch die Funktion $F(E)$ angegeben wird, so ist der Strom nach S, i_s:

$$i_s = \int_{\varepsilon V_s}^{\infty} F(E)\, dE\,.$$

Mithin ist
$$F(E) = -\frac{d\,i_s}{d\,(\varepsilon\, V_s)}\,. \tag{8}$$

Es sei hier noch bemerkt, daß mit der in Abb. 4 gegebenen Apparatur die Energieverteilung der Elektronen in irgendeiner Richtung *** bestimmt

---

* Auch SCHERER [220] und HEIMANN u. GEYER [215] haben eine Methode zur Messung des Sekundäremissionsvermögen von Isolatoren beschrieben.

** Die verschiedenen Methoden zur Bestimmung von Energie- und Geschwindigkeitsverteilungen von Elektronen sind in einer übersichtlichen Verhandlung von R. KOLLATH gesammelt worden [Ann. Phys., Lpz. Bd. 27 (1936) S. 721].

*** Bei dieser Messung besteht die Möglichkeit, daß die von T ausgesandten Sekundärelektronen, die S treffen, dort wieder Sekundärelektronen lösen, die nach T gezogen werden. Bei Gegenfeldmessungen ist es also ratsam, die Innenoberfläche von S mit einem nur schwach sekundäremittierenden Stoff zu bedecken, z. B. mit einer Rußschicht.

wird. Derartige Messungen sind natürlich auch möglich für Elektronen, die in einer bestimmten Richtung emittiert sind, wie z. B. von BECKER[37] durchgeführt worden ist.

Das Energiespektrum kann mittels eines Magnetfeldes zerlegt werden, mit Hilfe der in Abb. 14 abgebildeten Apparatur. Die sekundäremittierende Platte T wird von einem Elektronenstrahl beschossen; die Sekundärelektronen erfahren die abbiegende Kraft eines transversalen Magnetfeldes H, von dem die Elektronen gezwungen werden, eine Kreisbahn zu durchlaufen. Der Radius der Kreisbahn r, die Feldstärke des Magnetfeldes H und die Geschwindigkeit des betreffenden Teilchens v hängen zusammen nach der bekannten Gleichung:

$$H \cdot \frac{\varepsilon}{m} \cdot r = v \,.$$

Gemessen wird der in den Käfig eintretende Strom $I_{\text{Käf}}$ als Funktion der Magnetfeldstärke H. Diese ist gegeben durch:

$$I_{\text{Käf}} \sim \varphi(v)\, \varDelta v \,,$$

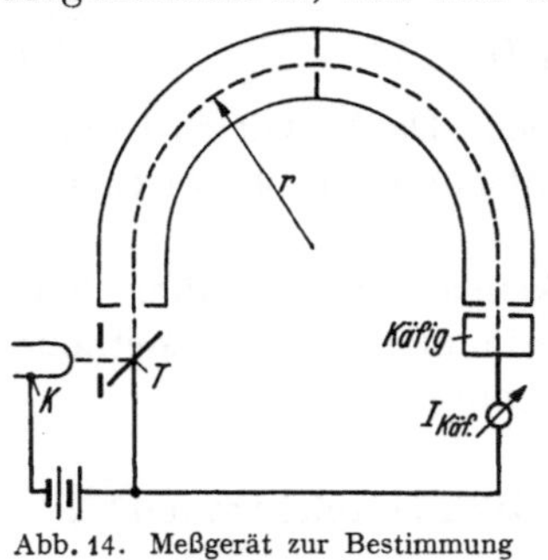

Abb. 14. Meßgerät zur Bestimmung der Energieverteilung von Sekundärelektronen.

wenn $\varphi(v)$ die Geschwindigkeitsverteilung der Sekundärelektronen darstellt. Der Geschwindigkeitsbereich $\varDelta v$ wird bestimmt durch die Größe der Käfigöffnung $\varDelta r$

$$H \frac{\varepsilon}{m} \varDelta r = \varDelta v \,.$$

Nun ist $$I_{\text{Käf}} \sim \varphi(v)\, \varDelta v \, \frac{v}{v} = \varphi(v) \cdot \frac{H\,\varepsilon\,\varDelta r}{m} \cdot \frac{v}{\dfrac{H\,\varepsilon\,r}{m}} = \varphi(v) \cdot \frac{v\,\varDelta r}{r} \,.$$

$\varDelta r/r$ ist eine Konstante der Apparatur, die wir C stellen können. Mithin wird

$$\varphi(v) \sim \frac{1}{C} \frac{I_{\text{Käf}}}{v} \,. \tag{9}$$

Es zeigt sich also, daß der gemessene Strom, dividiert durch die Geschwindigkeit der Elektronen, der gesuchten Geschwindigkeitsverteilungsfunktion proportional ist. Um die korrespondierende Energieverteilungsfunktion zu erhalten, muß man, wie bekannt, die Abszisse mit mv multiplizieren und die Ordinate durch mv dividieren.

Zwischen den beiden hier genannten Methoden besteht der große Unterschied, daß bei der Gegenfeldmethode die Energieverteilung erhalten wird, wenn der gemessene Strom nach der Energie differenziert wird. Bei der magnetischen Methode bekommt man diese Funktion direkt. Die magnetische Methode ist daher genauer; sie ist geeignet, wenn es sich um die Nachforschung kleiner Effekte handelt*.

---

* Neuerdings ist von KOLLATH[230] eine elegante Methode angegeben worden, mit der es möglich ist die Energieverteilung von Sekundärelektronen auf einfache Weise direkt zu bestimmen.

Es besteht jedoch noch ein zweiter Unterschied, nämlich hinsichtlich der Richtung, in welche die Sekundärelektronen, die der Messung unterzogen sind, emittiert werden.

Bei der Gegenfeldmessung handelt es sich oft um die Elektronen, die in *irgendwelcher* Richtung emittiert worden sind; bei der magnetischen Methode mißt man an Elektronen, die in einer *bestimmten* Richtung emittiert sind*.

§ 5. Technische Ausführung der Meßgeräte.

Wie in den nachfolgenden Kapiteln dargelegt werden wird, ist die sekundäre Elektronenemission eine Erscheinung, die sich in den äußersten Atomschichten abspielt**. Daher ist es immer nötig, Sorge dafür zu tragen, daß der Stoff, den man untersuchen will, eine möglichst reine Oberfläche hat. Die Verunreinigung der Oberfläche besteht hauptsächlich aus adsorbierten Atomen oder Molekülen von Fremdgasen; bei chemisch aktiven Stoffen (Alkalimetallen, Erdalkalimetallen) kann sich leicht eine oberflächliche Verbindung bilden.

Es ist daher immer nötig, ein möglichst gutes Vakuum zu benutzen. Die Apparaturen dürfen deshalb keine Schliffstücke mit Kitt- oder Fettdichtungen haben. Im allgemeinen sind Stoffe mit hohem Dampfdruck bei Aufbau der Apparatur zu vermeiden.

Von der Kathode, die die primären Elektronen liefert, können Verunreinigungen auf die sekundäremittierende Platte verdampfen. Besonders gilt dies für die bekannten Oxydkathoden, welche gewöhnlich aus einer von Mischkristallen von Barium- und Strontiumoxyd aufgebauten Schicht bestehen. Von dieser Kathode verdampfen gleichmäßig Bariumatome und Bariumoxydmoleküle, welche die gegenüberliegende Elektrode treffen[143, 170]. Ein Wolframfaden ist in dieser Hinsicht die beste Quelle der primären Elektronen.

Die gebräuchlichste Pumpmethode ist folgende: Zuerst die ganze Apparatur auf eine möglichst hohe Temperatur bringen (Entgasung der Umhüllung) und nachher die Metallelektroden mittels hochfrequenter Wirbelströme heizen. Ein Niederschlag von Gettermetall (Magnesium oder noch besser Barium) kann die schädlichen Gasreste noch weiter wegnehmen. Vielfach wird zur weiteren Verbesserung des Vakuums durch flüssigen Stickstoff gekühlte Absorptionskohle oder Silicagel benutzt.

---

* Eine direkte Bestimmung der Energieverteilung ist mittels der Gegenfeldmethode möglich, wenn man, nach VAN DER POL und WEYERS [Physica, Haag Bd. 1 (1934) S. 481] die angelegte Gegenspannung mit einer Wechselspannung kleiner Amplitude überlagert und die Amplitude der ersten Harmonischen, die im sekundären Elektronenstrom vorhanden ist, mißt. Die Amplitude der ersten Harmonischen kann dem ersten Differentialquotient $d\,i_s/d\,(\varepsilon V_s)$ proportional gestellt werden.

** Auch das Austrittspotential spielt eine gewisse Rolle; dennoch ist der Einfluß einer Änderung des Austrittspotentials bei der Sekundärelektronenemission viel kleiner als bei der thermischen und photoelektrischen Emission.

Allgemeine Regeln sind nicht anzugeben. In jedem Fall soll man ein derart gutes Vakuum fordern, daß man reproduzierbare Meßergebnisse bekommt und daß das Sekundäremissionsvermögen während längerer Zeit konstant bleibt.

III. Sekundäremissionsvermögen von Metallen.

§ 1. Einleitung.

In diesem Kapitel wollen wir eine Zusammenfassung über das Sekundäremissionsvermögen der Metalle geben. Als Maß für das Sekundäremissionsvermögen nehmen wir den in Kap. I erwähnten Faktor δ.

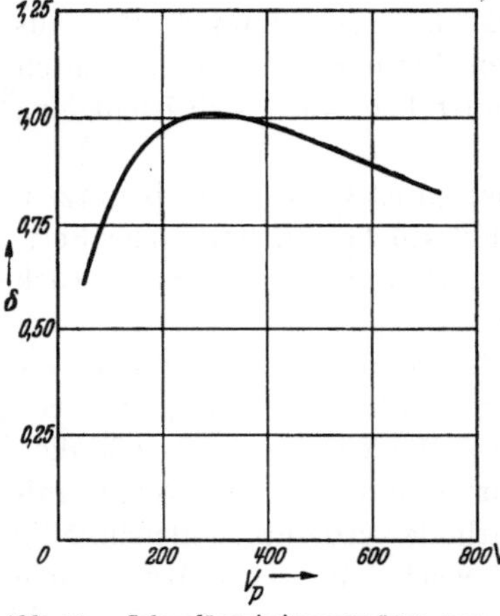

Abb. 15. Sekundäremissionsvermögen von Kohlenstoff (Aquadag). $\varphi = 4$ V. (Nach Bruining [165d].)

Wir rechnen also die rückdiffundierten (bzw. unelastischen und elastisch gestreuten) Elektronen zu den Sekundärelektronen, wie es auch von anderen Verfassern gemacht worden ist.

Das Sekundäremissionsvermögen der Metalle ist von vielen Faktoren abhängig. Um eine gute Übersicht zu erhalten, wollen wir zuerst das Sekundäremissionsvermögen von Metallen mit polykristallinen glatten Oberflächen und den Zusammenhang mit der photoelektrischen Emission besprechen. Nachher wollen wir dann den Einfluß der Kristallstruktur und der Oberflächenstruktur behandeln.

Von den Metallen gibt es eine große Menge Meßergebnisse. Wir werden hier nur solche geben, die an gut entgasten Oberflächen erhalten wurden. Während bei den Untersuchungen anfangs keine Sorgfalt auf die Reinheit der emittierenden Oberfläche verwendet wurde, hat man später, nach dem Beispiel von Farnsworth [28] die Messungen an im Hochvakuum gereinigten Oberflächen ausgeführt. Daß eine Verunreinigung die Sekundärelektronenemission beeinflußt, ist leicht verständlich. Eine monoatomare Schicht kann z. B. die Austrittsarbeit erheblich steigern oder erniedrigen (Kap. V), während bei einer dickeren Schicht die Sekundärelektronen in bedeutendem Maße in der Schicht selber gelöst werden können (Kap. III und VI).

Von allen Metallen werden wir graphisch das Sekundäremissionsvermögen δ als Funktion der Energie der Primärelektronen εV_p geben. Es zeigt sich, daß δ als Funktion von V_p ein Maximum durchläuft. Die Ursache des Entstehens dieses Maximums werden wir noch näher in

Kap. VI besprechen. Die Erklärung geht dahin, daß einerseits die gelöste Sekundärelektronenzahl wächst, weil die verfügbare primäre Energie

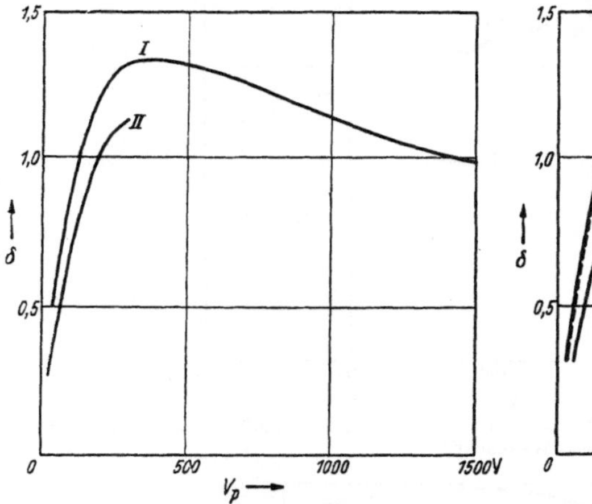

Abb. 16. Sekundäremissionsvermögen von Eisen. $\varphi = 4{,}77$ V. *I* nach PETRY [42]; *II* nach FARNSWORTH [47].

Abb. 17. Sekundäremissionsvermögen von Nickel. $\varphi = 5{,}02$ V. *I* nach PETRY [42]; *II* nach RAO [74]; *III* nach WARNECKE [133].

zunimmt, daß jedoch andrerseits die Primärelektronen tiefer in die Substanz hineindringen, so daß die Sekundärelektronen auf größerer

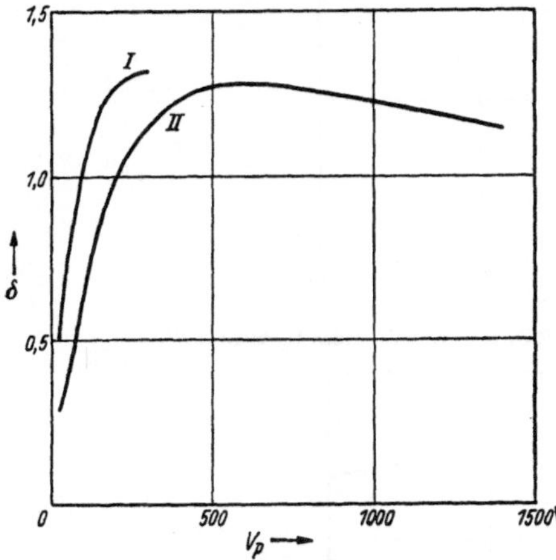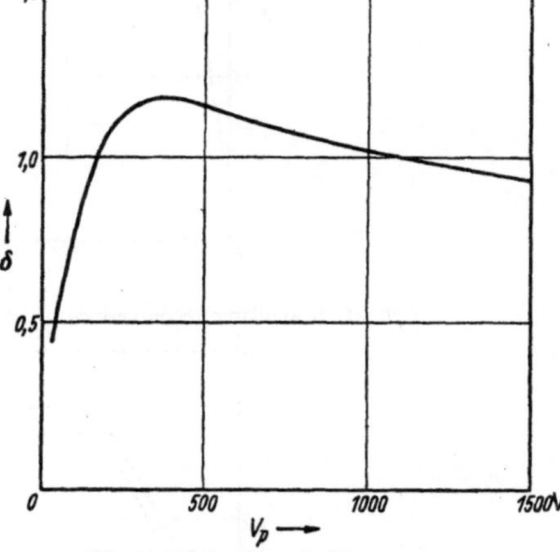

Abb. 18. Sekundäremissionsvermögen von Kupfer. $\varphi = 4{,}30$ V. *I* nach PETRY [49]; *II* nach WARNECKE [133].

Abb. 19. Sekundäremissionsvermögen von Niobium. (Nach WARNECKE [133].)

Tiefe gelöst und absorbiert werden, bevor sie die Oberfläche erreicht haben.

§ 2. Metalle mit hoher Austrittsarbeit (4 bis 5 eV).

Unter diesen Metallen gibt es zahlreiche mit hohem Schmelzpunkt. Durch Ausglühen im Hochvakuum ist es möglich, Platten zu bekommen mit gas- und oxydfreier Oberfläche. Die meisten dieser Metalle eignen

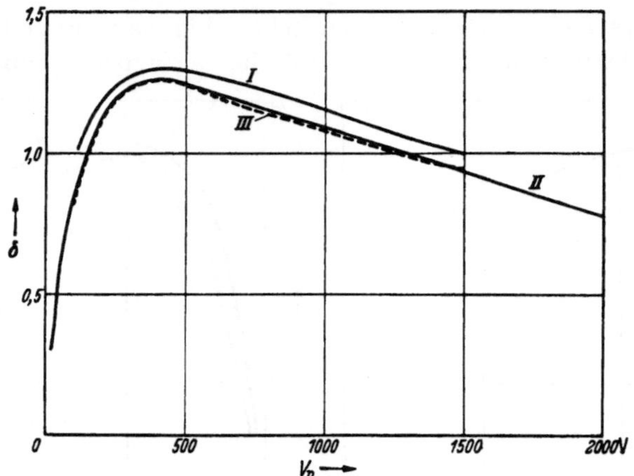

Abb. 20. Sekundäremissionsvermögen von Molybdän. $\varphi = 4{,}15$ V. *I* nach PETRY [42]; *II* nach COPELAND [30]; *III* nach WARNECKE [133].

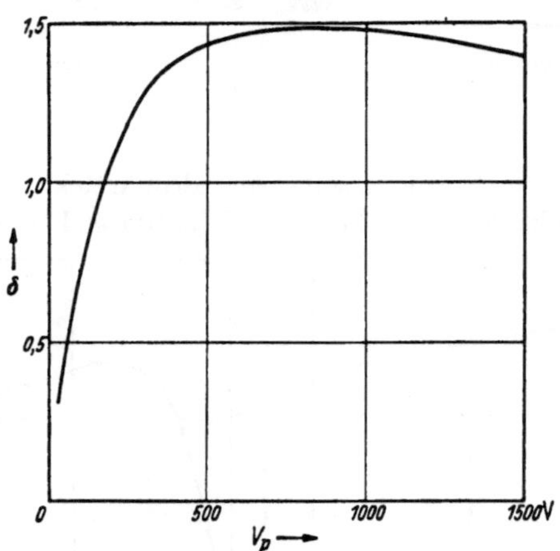

Abb. 21. Sekundäremissionsvermögen von Silber. $\varphi = 4{,}74$ V. (Nach WARNECKE [133].)

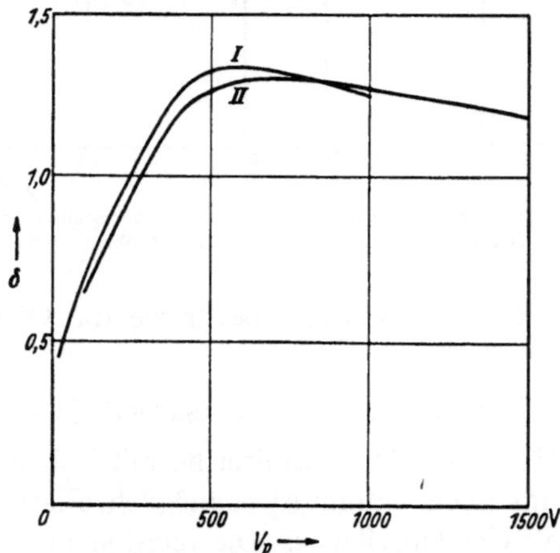

Abb. 22. Sekundäremissionsvermögen von Tantalium. $\varphi = 4{,}12$ V. *I* nach WARNECKE [103]; *II* nach WARNECKE [133].

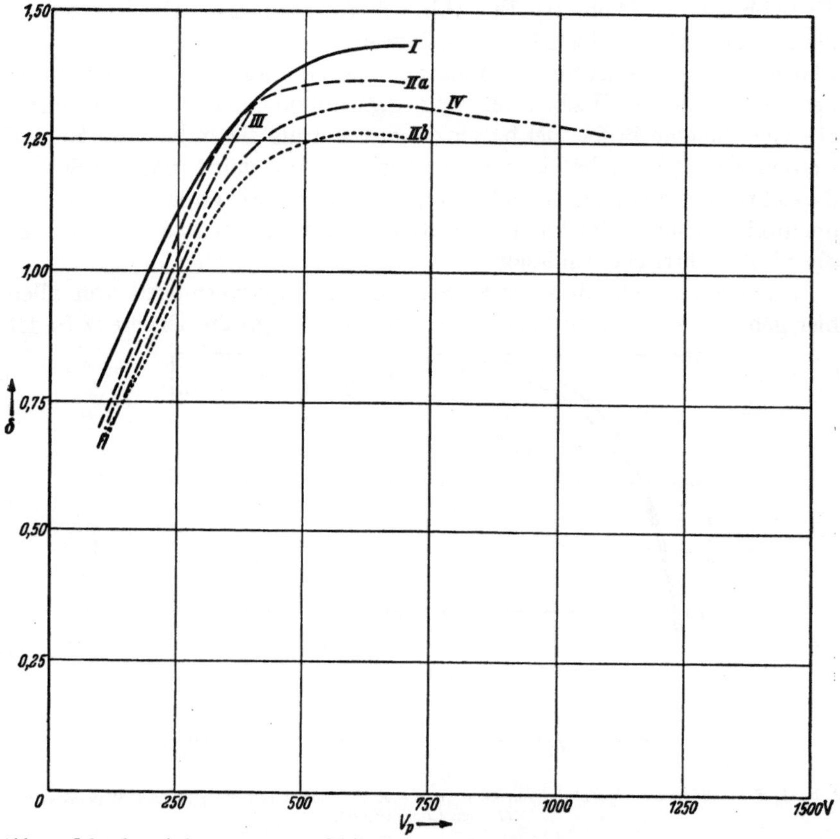

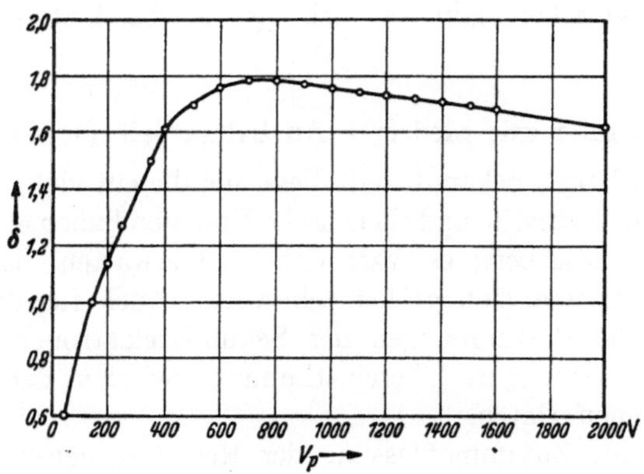

Abb. 23. Sekundäremissionsvermögen von Wolfram. $\varphi = 4{,}54$ V. *I* nach PETRY [47]; *II a* und *b* nach KREFFT [65]; *III* nach AHEARN [79]; *IV* nach WARNECKE [133].

Abb. 24. Sekundäremissionsvermögen von Platin. $\varphi = 6{,}27$ V. (Nach COPELAND [82].)

sich gut zur Herstellung von Elektroden in Elektronenröhren. Wir geben das Sekundäremissionsvermögen von Metallen: C (Abb. 15), Fe (Abb. 16), Ni (Abb. 17), Cu (Abb. 18), Nb (Abb. 19), Mo (Abb. 20), Ag (Abb. 21),

Ta (Abb. 22), W (Abb. 23), Pt (Abb. 24), Au (Abb. 25). Die Ergebnisse, die aus den Abb. 15 bis 25 abgelesen werden können, beziehen sich auf Platten von polykristallinem Material. Es fällt auf, daß die Resultate der verschiedenen Beobachter sehr gut miteinander übereinstimmen, obgleich die eine Probe viel besser entgast war als die andere. In Kap. V werden wir die Ursache hiervon einsehen. Es geht dahin, daß die Sekundärelektronen ziemlich schnell sind, so daß die Sekundäremission viel unempfindlicher ist für kleine Variationen in der Austrittsarbeit als z. B. die photoelektrische Emission.

Auch zeigt sich, daß dieses Sekundäremissionsvermögen von allen hier genannten Metallen ungefähr gleich ist. Die größte Differenz findet

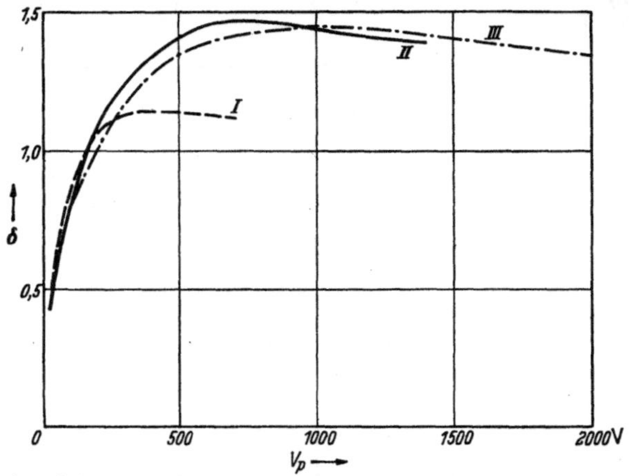

Abb. 25. Sekundäremissionsvermögen von Gold. $\varphi = 4{,}90$ V. *I* nach PETRY [42]; *II* nach WARNECKE [133]; *III* nach COPELAND [106].

man zwischen Kohlenstoff und Platin. Einen deutlichen Zusammenhang mit der Austrittsarbeit gibt es nicht (siehe die Unterschriften der Abbildungen).

§ 3. Metalle mit niedriger Austrittsarbeit (< 4 eV).

Es ist schon längst bekannt, daß diese Metalle ein viel größeres Vermögen für photoelektrische und thermische Emission haben als die Metalle mit hoher Austrittsarbeit; es wäre daher zu erwarten, daß auch die Sekundärelektronenemission größer sein wird. Auch für diese Metalle gibt es zahlreiche Bestimmungen der Sekundärelektronenemission; es gibt jedoch gar keine gute Übereinstimmung zwischen den unterschiedenen vorhandenen Daten.

Bevor wir eine Zusammenfassung der Resultate geben, wollen wir hervorheben, daß die Metalle dieser Gruppe viel leichter oberflächlich Verbindungen bilden können als die Metalle in § 2. Aus den Untersuchungen des photoelektrischen Effektes ist es bekannt, daß man nur reine Proben bekommen kann, wenn die Metalle im Hochvakuum übergedampft werden und wenn Verdampfung und Messung in derselben Röhre stattfinden, ohne daß die Röhre zwischendurch geöffnet wird. Bei

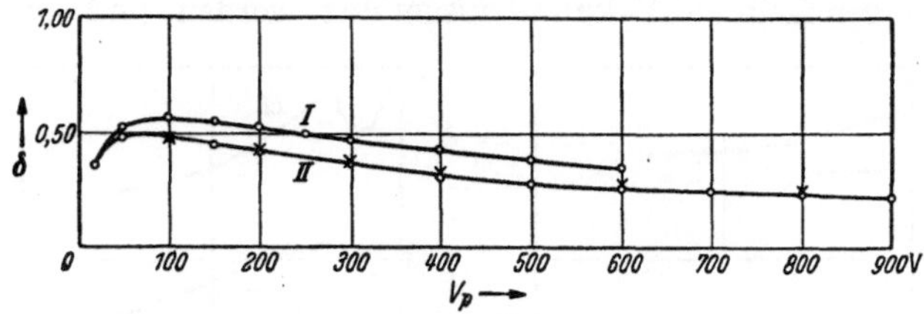

Abb. 26. Sekundäremissionsvermögen von Lithium (Überdampfschicht). $\varphi = 2,28$ V. (Nach BRUINING und DE BOER [165]).

den meisten Metallen dieser Gruppe ist es unmöglich, die sich in der Luft leicht bildende Oxydschicht durch Erhitzen im Hochvakuum zu beseitigen, weil die Oxydschicht meistens im unterliegenden Metall nicht löslich ist und das Metall leichter verdampft als das Oxyd. So ist es z. B. unmöglich, eine Magnesium- oder Aluminiumplatte durch Erhitzung oxydfrei zu machen, wie einige Untersucher[133, 39] gemeint haben. Das Sekundäremissionsvermögen dieser Proben wollen wir daher in Kap. IV bei der Behandlung der Verbindungen besprechen.

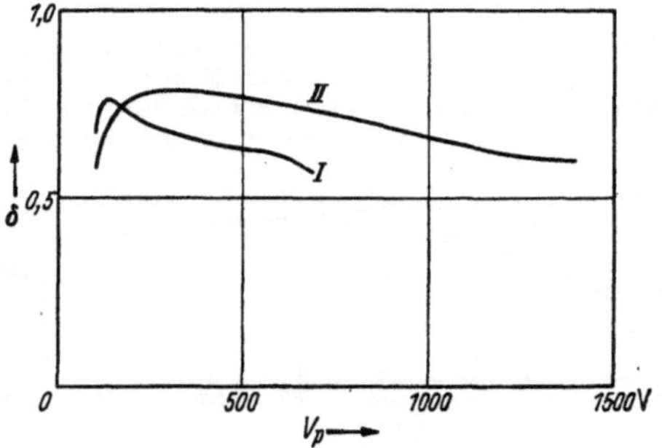

Abb. 27. Sekundäremissionsvermögen von Kalium (Überdampfschicht). $\varphi = 2,24$ V. *I* nach MAHL [204]; *II* nach AFANASJEWA und TIMOFEEW [141].

Wir werden deshalb nur diejenige Messungen als richtig betrachten, die an im Hochvakuum übergedampften Schichten durchgeführt sind. Wir geben das Sekundäremissionsvermögen von Li (Abb. 26), K (Abb. 27), Rb (Abb. 28), Cs (Abb. 29), Be (Abb. 30), Mg (Abb. 31), Ba (Abb. 32), Al (Abb. 33). Aus diesen Abbildungen gehen jetzt die zwei folgenden wichtigen Tatsachen hervor:

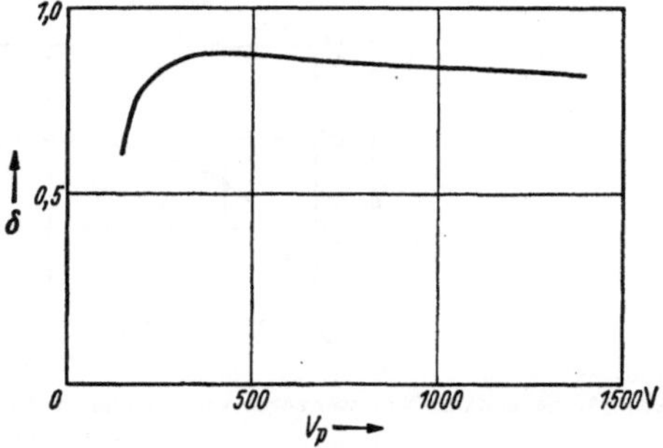

Abb. 28. Sekundäremissionsvermögen von Rubidium (Überdampfschicht). (Nach AFANASJEWA und TIMOFEEW.) $\varphi = 2,18$ V.

1. Von einigen Autoren wird ein Faktor δ gefunden, der weit über 1 liegt, von den meisten Autoren wird ein Faktor $\delta < 1$ gefunden.

2. In den meisten Fällen wird gefunden, daß das Sekundäremissionsvermögen von Überdampfschichten der elektropositiven Metalle kleiner ist als das Sekundäremissionsvermögen mehr elektronegativer Metalle.

Die unter 1. genannte Diskrepanz ist zu erklären durch die Annahme, daß die Messungen, bei denen ein großer Faktor δ gefunden wurde, in einem ungenügenden Vakuum ausgeführt worden sind, so daß die

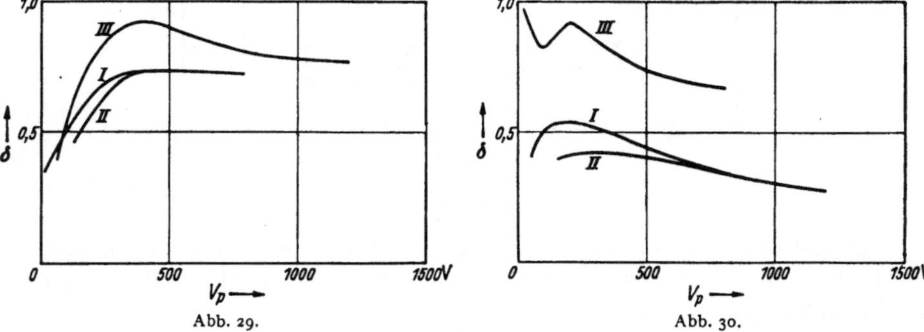

Abb. 29.　　　　　　　　　　　　　　Abb. 30.

Abb. 29. Sekundäremissionsvermögen von Caesium (Überdampfschicht). $\varphi = 1,81$ V. *I* nach BRUINING und DE BOER [165]; *II* nach MAHL [204]; *III* nach KHLEBNIKOW und KORSHUNOVA [174].

Abb. 30. Sekundäremissionsvermögen von Beryllium (Überdampfschicht). $\varphi = 3,16$ V. *I* nach BRUINING und DE BOER [165]; *II* nach KOLLATH [178]; *III* nach SCHNEIDER [188].

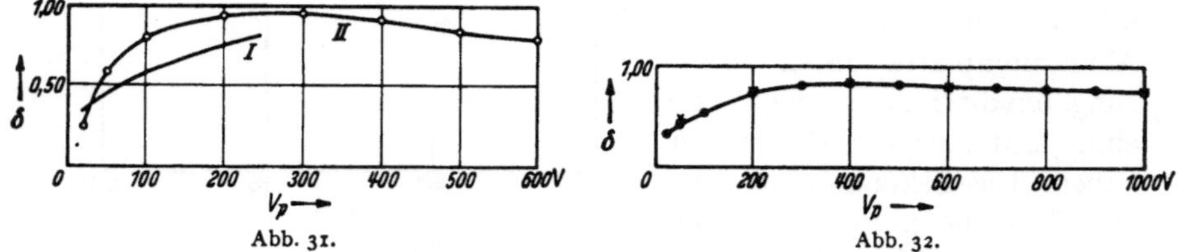

Abb. 31.　　　　　　　　　　　　　　Abb. 32.

Abb. 31. Sekundäremissionsvermögen von Magnesium (Überdampfschicht). $\varphi = 2,42$ V.
I nach FARNSWORTH [39]; *II* nach BRUINING und DE BOER [165].

Abb. 32. Sekundäremissionsvermögen von Barium (Überdampfschicht). $\varphi = 2,11$ V. (Nach BRUINING und DE BOER [165].)

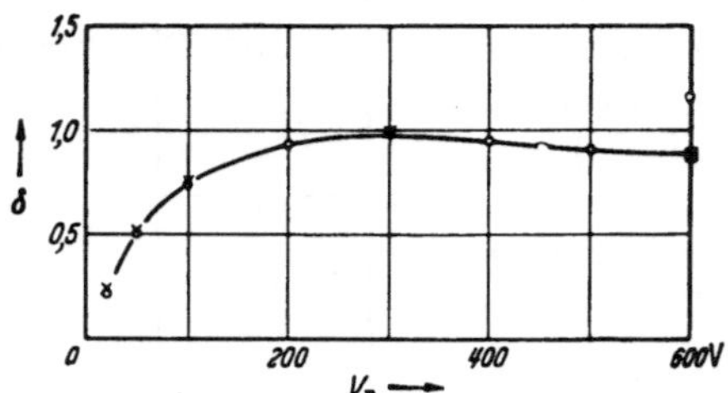

Abb. 33. Sekundäremissionsvermögen von Aluminium (Überdampfschicht). $\varphi = 2,26$ V. (Nach BRUINING und DE BOER [165].

niedergeschlagene Schicht oberflächlich mit einer Verbindung bedeckt wurde. Für diese Annahme spricht die von BRUINING und DE BOER[165] und von KWARZCHAWA[124] gefundene Erscheinung, daß das Sekundäremissionsvermögen einer Schicht eines durch Hochvakuum verdampften elektropositiven Metalles erheblich gesteigert wird, wenn die Schicht der Einwirkung von trockenem Sauerstoff ausgesetzt wird (Kap. IV). Wir werden deshalb nur die niedrigen δ-Werte als richtig betrachten (siehe die Unterschriften bei den Abbildungen). So muß z. B. das von COPELAND[106] angegebene Sekundäremissionsvermögen von Ca (Abb. 36) nicht dem reinen Calcium, sondern dem Calciumoxyd zugehören.

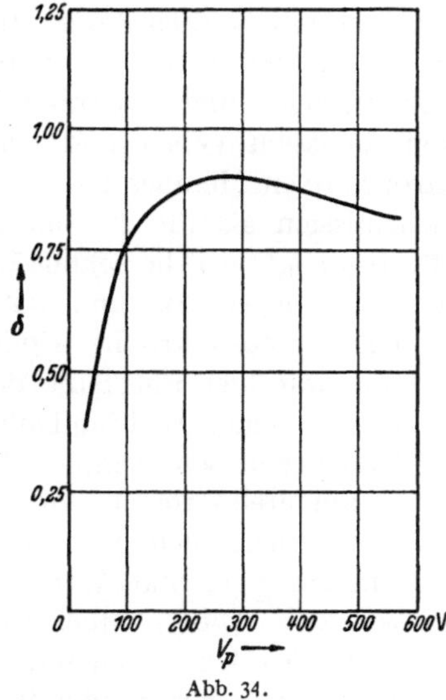

Abb. 34.
Sekundäremissionsvermögen von Titanium [165c].

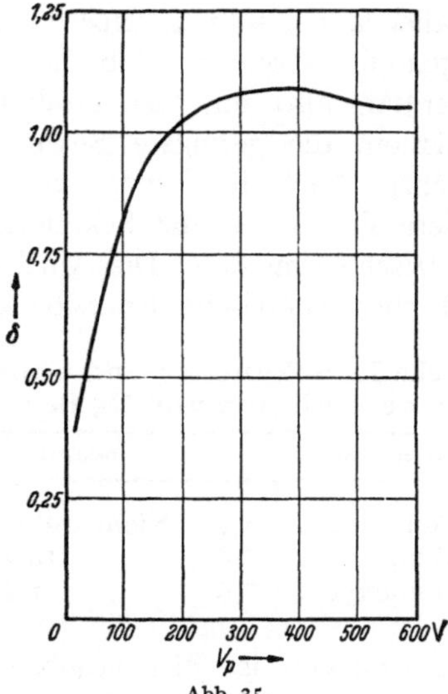

Abb. 35.
Sekundäremissionsvermögen von Zirkonium [165c].

In der unter 2. gemachten Bemerkung haben wir das Sekundäremissionsvermögen von Überdampfschichten elektropositiver Metalle verglichen mit dem Sekundäremissionsvermögen von Platten von Metallen mit hoher Austrittsarbeit. Es liegt die Frage nahe, ob Überdampfschichten und Platten hinsichtlich der Sekundäremission als identisch zu betrachten sind. Wir werden diese Frage im vierten Abschnitt dieses Kapitels diskutieren.

Schließlich wollen wir noch das Sekundäremissionsvermögen der Metalle Titanium und Zirkonium (Abb. 34 und 35) angeben, und zwar von im Hochvakuum geheizten Platten. Titanium und Zirkonium sind Metalle, die in der Luft

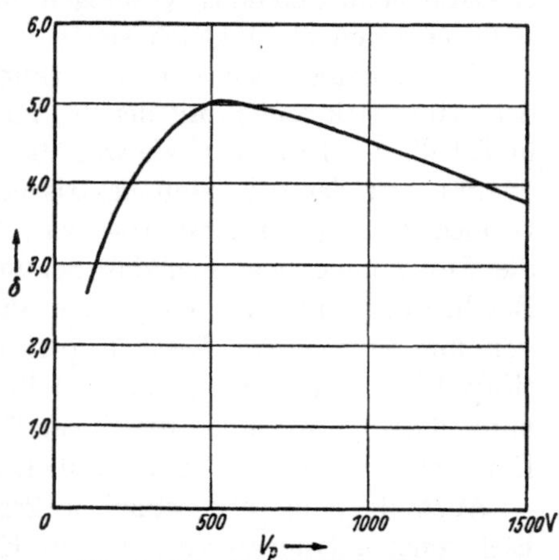

Abb. 36. Sekundäremissionsvermögen von Calciumoxyd (Überdampfschicht oxydiert). (Nach COPELAND[106].)

Oxydschichten bilden, welche Oxydschichten jedoch lösbar sind im Metall. Es ist aber zweifelhaft, ob man auf diese Weise die Oberfläche der reinen Metalle erhält.

§ 4. Vergleich der sekundären und der photoelektrischen Emission.

Aus § 2 hat sich herausgestellt, daß die früher mehrmals ausgesprochene Vermutung, nach der Sekundäremission und photoelektrische Emission parallel laufen sollten, experimentell nicht bestätigt werden kann. Im Gegenteil, es scheint, daß die Metalle mit dem niedrigsten Austrittspotential, also mit der größten photoelektrischen und thermischen Emission, die geringste Sekundärelektronenemission geben und umgekehrt. Auch die Oxydation eines elektropositiven Metalles hat ganz andere Folgen für die Sekundärelektronenemission als für die photoelektrische Emission. Dies wird in Tabelle I gezeigt, wo die sekundäre und photoelektrische Emission angegeben sind für Ni, Ba und BaO.

Tabelle I. Sekundäre und photoelektrische Emission von Ni, Ba und BaO.

Oberfläche	δ	Photoelektrischer Strom
Nickel . . .	1,28	Nicht wahrnehmbar
Barium . . .	0,81	16,2
Bariumoxyd .	3,6	1,2

Die photoelektrische Emission war hier mit Hilfe des Lichtes einer Wolframbandlampe gemessen, während die Sekundärelektronen mittels Primärelektronen mit einer Energie von 300 eV gelöst wurden. Die photoelektrische Emission ist hier gegeben in Skalenteile des Galvanometers[165].

Auch bei der Besprechung der Sekundärelektronenemission der Verbindungen im nächsten Kapitel werden wir sehen, daß die sekundäre und die photoelektrische Emission von Dielektrika nicht parallel laufen, d. h., daß auch bei Dielektrika die Bedingungen für maximales photoelektronenemittierendes Vermögen und für maximales Sekundäremissionsvermögen nicht gleich sind.

Wir möchten noch eine Bemerkung machen hinsichtlich der Energie der Primärelektronen, mit der der Faktor δ gemessen wurde (Messungen in Tabelle I). Diese Energie war 300 eV, während die Energie der Lichtquanta, mit der der photoelektrische Strom gemessen wurde, von der Größenordnung der Austrittsarbeit, d. h. nur einige eV, war. Es liegt die Frage nahe, wie sich das Sekundäremissionsvermögen verhält bei Beschießung mit ganz langsamen Primärelektronen, mit einer Energie von nur einigen eV. Diese Experimente werden wir später erwähnen (Kap. VI). Es hat sich herausgestellt, daß, wenigstens bei den Metallen, unter diesen Umständen die Sekundäremission und die photoelektrische Emission einander vielmehr ähnlich sind.

Auch die von sehr schnellen Primärelektronen erzeugte sekundäre Elektronenemission werden wir in Kap. VI besprechen.

§ 5. Einfluß der Kristallitgröße und der Oberflächenstruktur auf das Sekundäremissionsvermögen.

Im vorigen Abschnitt haben wir das Sekundäremissionsvermögen der Metalle in der Form polykristalliner Platten diskutiert. Wir wollen jetzt den Einfluß der Kristallitgröße, die z. B. auch die Oberflächenstruktur bestimmen kann, besprechen.

a) Vergleich des Sekundäremissionsvermögens eines Einkristalles dem einer polykristallinen mit Platte. Von RAO[75] ist das Sekundäremissionsvermögen der 100-Fläche eines Nickel-Einkristalles bestimmt worden. Es zeigt sich, daß diese Fläche bei Beschießung mit Primärelektronen von einigen hundert Volts viel weniger Sekundärelektronen abgesendet als das polykristalline Nickel (Abb. 37). Es scheint, daß bei kleineren Geschwindigkeiten der Primärelektronen das Einkristall ein größeres Sekundäremissionsvermögen hat; es ist jedoch möglich, daß man dort mit einer erhöhten elastischen Reflektion zu tun hat, daß also das Einkristall eine größere Elektronenzahl reflektiert als die polykristalline Oberfläche.

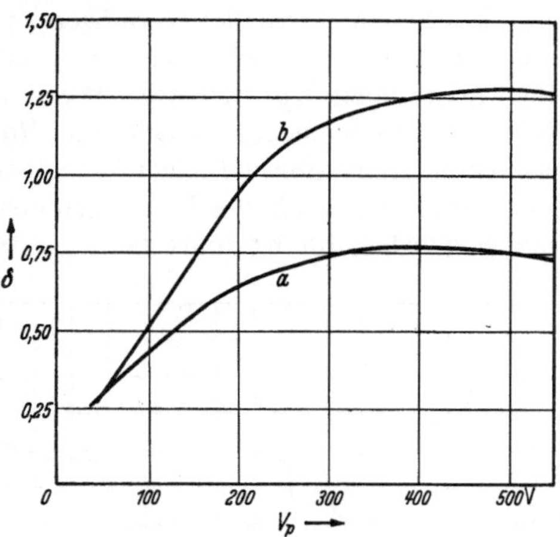

Abb. 37.   Sekundäremissionsvermögen von polykristallinem Nickel (*b*) und von der 100-Fläche eines Nickel-Einkristalles (*a*) nach RAO [75].

Das Experiment von RAO könnte darauf weisen, daß die unterschiedenen Kristallflächen ein verschiedenes Sekundäremissionsvermögen haben. Dasselbe könnte man auch ableiten aus Versuchen von KNOLL[110, 111, 203], der mit Hilfe von Sekundärelektronen die Oberflächenstruktur eines Silizium-Eisenbleches elektronenoptisch abbilden konnte. Eine derartige Abbildung wäre nicht möglich, wenn alle Kristallflächen das gleiche Sekundäremissionsvermögen hatten (Abb. 38).

b) Sekundäremissionsvermögen einer durch Hochvakuum

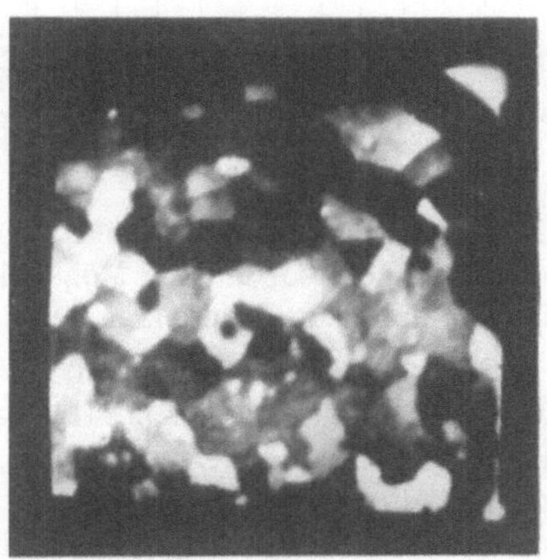

Abb. 38. Strukturbild von Siliziumeisenblech, erhalten mittels elektronenoptischer Abbildung mit Sekundärelektronen. (Nach KNOLL und THEILE [203].)

übergedampften Schicht. Es gibt zahlreiche Messungen bezüglich des Sekundäremissionsvermögens der übergedampften Metallschicht. Wir wollen in diesem Abschnitt im besonderen die durch Vakuum übergedampfte Schicht behandeln, d. h. die Schicht mit spiegelnder Oberfläche. Speziell werden wir die Frage beantworten, wie die Metallplatte und die übergedampfte Schicht sich hinsichtlich der Sekundärelektronenemission verhalten.

Der älteste Versuch stammt von FARNSWORTH[39], der bemerkt hat, daß das Sekundäremissionsvermögen einer durch Hochvakuum übergedampften Kupferschicht kleiner ist als das Sekundäremissionsvermögen einer kristallinen Kupferplatte. Wenn die auf die kristalline Kupferplatte niedergeschlagene Schicht auf Rotglut erhitzt wird, nähert sich das Sekundäremissionsvermögen bezüglich Kurvencharakter und Absoluthöhe dem der kristallinen Platte gehörenden Wert (Abb. 39). Die Messungen wurden durchgeführt bei $V_p < 50$ V; es wurde keine Trennung

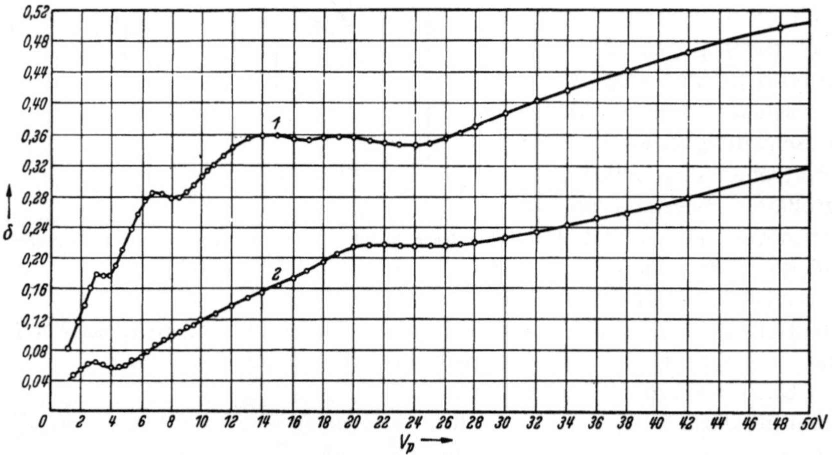

Abb. 39. Sekundäremissionsvermögen einer Kupferplatte (1) und einer übergedampften Kupferschicht (2) nach FARNSWORTH[39] bei Beschießung mit langsamen Elektronen.

der elastisch reflektierten Elektronen und der echten Sekundärelektronen vorgenommen, so daß die Möglichkeit besteht, daß die gefundene Differenz durch eine Differenz in der elastischen Reflektion verursacht wird.

Bei viel größerer V_p (bis 1000 V) sind auch Messungen durchgeführt worden. Es wurden bei im Hochvakuum übergedampften Silber- und Kupferschichten δ-Werte gefunden, die nur eine sehr geringe Differenz zeigten mit den δ-Werten, die von WARNECKE[133] bei Platten gefunden sind[165]. Nach diesen Ergebnissen sind polykristalline Platten und durch Vakuum übergedampfte Metallschichten hinsichtlich der Sekundäremission als identisch zu betrachten (Abb. 40).

Auch Messungen, die WOOLDRIDGE[213] durchführte, zeigen, daß das Sekundäremissionsvermögen einer Nickelplatte und einer aufgedampften Nickelschicht nicht wesentlich differieren. Ältere Untersuchungen von FARNSWORTH[47] haben gezeigt, daß das Sekundäremissionsvermögen einer Eisenplatte nur um etwa 10% höher ist als das Sekundäremissionsvermögen einer Eisen-Überdampfschicht.

Ausführlich, im besonderen von KOLLATH[178], ist das Metall Beryllium untersucht worden. Dieser Verfasser fand, daß eine kompakte Berylliumplatte ein viel größeres Sekundäremissionsvermögen hat als eine Überdampfschicht. Das würde man auch erwarten, denn eine Berylliumplatte ist immer mit einer Berylliumoxydschicht überdeckt, welche nicht durch Erhitzung im Hochvakuum zu beseitigen ist.

KOLLATH meint jedoch, daß die gefundene starke Sekundäremission nicht nur von der oberflächlichen Oxydschicht herrühren kann. Dies schließt er aus der Tatsache, daß eine Überdampfschicht, die der Einwirkung der Luft ausgesetzt wird, einen δ-Wert zeigt, der 2 nicht übersteigt,

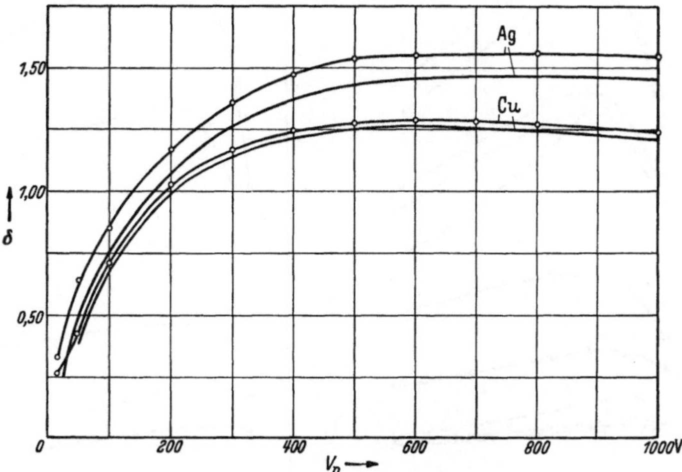

Abb. 40. Sekundäremissionsvermögen von Silber- und Kupferplatten und von übergedampften Schichten dieser Metalle [165] (Kurven mit Meßpunkten).

während die polierte Be-Platte einen δ gleich 4 erreichen kann. Wenn nun eine Oxydschicht das große Sekundäremissionsvermögen verursachen würde, so müßte man den höchsten δ-Wert bei der Überdampfschicht erwarten, weil diese für eine Oxydation viel empfindlicher ist. KOLLATH schließt hieraus, daß die immer anwesende Oxydschicht seine Versuche nicht merkbar beeinflußt und daß der gefundene hohe δ-Wert dem Berylliummetall angehört. Daß eine Überdampfschicht einen viel kleineren δ-Wert hat als eine Platte, muß nach KOLLATH der mikrokristallinen Struktur der ersteren zugeschrieben werden. Bei einem zweiten Versuch stellte sich heraus, daß das Sekundäremissionsvermögen einer Überdampfschicht von Beryllium erheblich gesteigert werden kann, wenn die Schicht im Hochvakuum auf etwa 700° geheizt wird (Abb. 41). Bei dieser Temperatur sollte das Beryllium noch nicht verdampfen; die Steigerung wird nach KOLLATH durch den Übergang einer mikrokristallinen Struktur in einen Aufbau mit größeren Kristalliten verursacht.

Auch SCHNEIDER[188] hat derartige Versuche durchgeführt. Dieser Verfasser findet für eine Überdampfschicht einen niedrigen δ-Wert, der bei Erhitzung im Hochvakuum steigt, jedoch nicht über 1,6, und also niedriger bleibt als bei den KOLLATHschen Versuchen. Auch SCHNEIDER meint, daß der größere δ-Wert das Sekundäremissionsvermögen des kompakten Berylliums wiedergibt.

Bezüglich derselben Frage haben auch WARNECKE und Frl. LORTIE[193] einige Versuche gemacht. Diese Verfasser erhalten einen δ von etwa

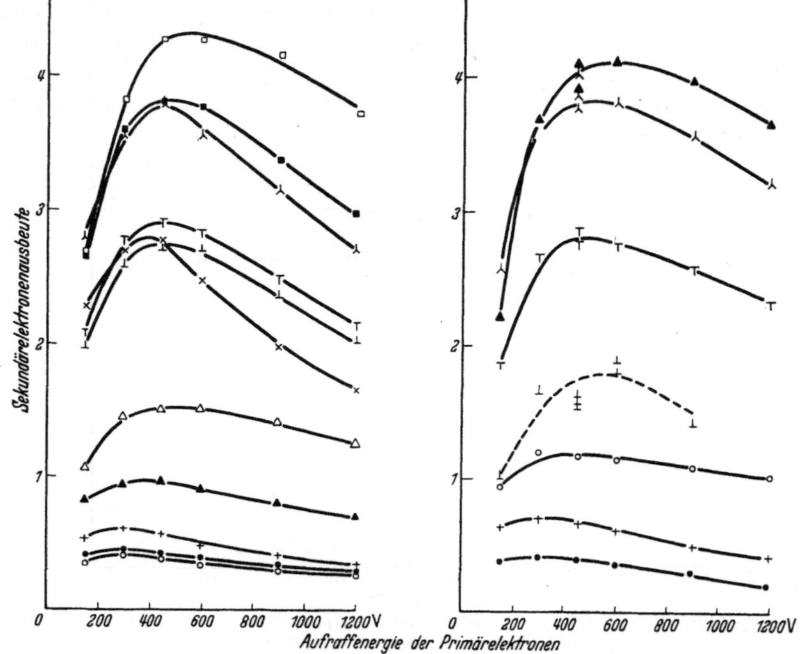

Abb. 41. Sekundäremissionsvermögen von Beryllium-Aufdampfschichten bei Erwärmung im Vakuum. (Nach KOLLATH[111].) a) Be-Platte als Unterlage. × nach 12 h bei 360⁰ C, 人 nach 10′ bei 800⁰ C, + Be aufgedampft, ⊥ nach 10′ bei ∼700⁰, T am nächsten Tage, ● Be aufgedampft, ▲ nach 20′ bei 550—600⁰, ■ nach weiteren 10′ bei 650—750⁰, ● sehr viel Be aufgedampft, △ nach 3′ bei 650—750⁰, □ nach weiteren 10′ bei 650—750⁰. b) Mo-Platte als Unterlage. ○ nach 10′ bei 600—1000⁰, + Be aufgedampft, ⊥ nach 6′ bei 600—800⁰, T am nächsten Tage, 人 nach 5′ bei 700—800⁰, ● sehr viel Be aufgedampft, ▲ nach 5′ bei 800⁰.

0,6 $(V_p = 500 \text{ V})$ für eine durch Hochvakuum übergedampfte Berylliumschicht, die bei Heizung bis 800° C bis 2,2 steigt, bei Abkühlung aber wieder sinkt bis zu 0,97. Nach WARNECKE und Frl. LORTIE findet man einen niedrigen Wert bei Zimmertemperatur, weil dann die Oberfläche verunreinigt ist durch die Restgase, so daß das Austrittspotential steigt. Bei Heizung des Metalles sollten diese Verunreinigungen verdampfen und sollte das Austrittspotential den dem Beryllium gehörenden Wert annehmen. Der richtige maximale δ-Wert sollte 2,2 sein bei $V_p = 500$ V.

Es zeigt sich also, daß die unterschiedenen Meinungen bezüglich der Frage, ob eine Überdampfschicht und eine Platte den gleichen δ-Wert zeigen, sehr weit auseinander laufen. Bei der Diskussion der Meßergebnisse möchten wir die Resultate von FARNSWORTH nicht mitbetrachten, weil diese sich auf einen Meßbereich beziehen, für den von den anderen genannten Autoren keine Untersuchungen gemacht worden sind.

Ganz unverständlich ist die Behauptung von WARNECKE und Frl. LORTIE, daß eine Berylliumschicht im Vakuum von einer Gashaut überzogen wird, so daß das Austrittspotential steigt. Aus den Versuchen bezüglich des photoelektrischen Effektes ist es genügend bekannt, daß solche Schichten im Vakuum sehr gut haltbar sind. Die Behauptung von WARNECKE und Frl. LORTIE soll beweisen, daß das Vakuum, in dem die Versuche ausgeführt wurden, ungenügend war; das widerspricht aber den Angaben der Verfasser selber.

Daß das Sekundäremissionsvermögen eine Temperaturabhängigkeit zeigen würde, ist auch nicht anzunehmen, wenn man die Ergebnisse von anderen Verfassern betrachtet.

Auch die KOLLATHschen Versuche sind zu kritisieren. Es ist nämlich nicht anzunehmen, daß man durch Polierung einer Berylliumplatte eine reine metallische Schicht bekommt. Die Polierung ist eine Bearbeitung, wobei sehr kleine Quantitäten Material verlegt werden, die mit dem Poliermaterial in Berührung kommen. Es ist daher zu erwarten, daß entweder ein wenig vom Poliermaterial eingerieben wird, oder daß sich an der Oberfläche eine Verbindung bildet, z. B. Metalloxyd oder eine Verbindung von Beryllium mit einem Bestandteil des Poliermaterials.

Wenn eine Berylliumschicht auf eine polierte Metallplatte niedergeschlagen und die Platte dann erhitzt wird, so ist die Möglichkeit nicht ausgeschlossen, daß im Poliermaterial vorhandene Verunreinigungen die niedergeschlagene Schicht angreifen. In dieser Richtung weisen die weiteren Resultate der KOLLATHschen Versuche, denn die durch Erhitzung verursachte Zunahme der Sekundäremission war viel größer bei den auf die polierten Metallplatten niedergeschlagenen Metallschichten als bei den auf die nichtpolierten Platten niedergeschlagenen Filmen.

Für die Versuche von KOLLATH und von SCHNEIDER kann die Bemerkung gemacht werden, daß erst dann eine Schlußfolgerung gestattet ist, wenn man sicher weiß, daß bei der Erhitzung keine Oxydation der Schicht stattfindet und kein Material der aufgedampften Schicht verdampft.

Zweifelt man, ob eine Überdampfschicht und eine Platte eines elektropositiven Metalles das gleiche Sekundäremissionsvermögen haben, so scheint ein anderes Untersuchungsverfahren besser. Man kann z. B. versuchen, die Oxydschicht von einer Platte im Hochvakuum zu entfernen *. Das ist möglich, wenn man eine derartige, von einer Oxydschicht bedeckte Platte zur Kathode macht in einer Edelgasentladung, so daß die Oxydschicht abgestaubt wird. Eine auf diese Weise oxydfrei gemachte Aluminiumplatte zeigt nun genau das gleiche Sekundäremissionsvermögen als eine Überdampfschicht (Abb. 42).

---

* H. BRUINING nicht publiziert.

Auch aus diesem Grund haben wir keinen Anlaß, anzunehmen, daß die durch Hochvakuum übergedampfte Schicht und das kompakte Metall eine verschiedene Sekundärelektronenemission zeigen.

c) Sekundäremissionsvermögen von Schichten, die aus sehr kleinen Teilchen aufgebaut sind [165c]. In diesem Abschnitt werden wir das Sekundäremissionsvermögen von Schichten besprechen, welche aus sehr kleinen Kristalliten aufgebaut sind, so daß sie keine spiegelnde Oberfläche haben, aber mehr oder weniger optisch schwarz sind.

Eine solche Schicht kann man z. B. erhalten durch Verdampfung eines Metalles in einer Gasatmosphäre; das Gas darf natürlich keine Verbindung mit dem verdampfenden Metall bilden, so daß am besten ein Edelgas benutzt wird. Daß man auf diese Weise eine optisch schwarze Oberfläche bekommen kann, ist zurückzuführen auf den Umstand, daß die verdampfenden Atome gegen die Gasmoleküle stoßen, so daß sie größere Wegstrecken zurücklegen, ehe sie auf der Wand kondensieren. Das Metall bildet dann im Gas Konglomerate, die sich als solche auf der Oberfläche absetzen. Bei der Verdampfung durch Hochvakuum dagegen fallen die einzelnen Atome auf die Oberfläche, so daß dort die Kristallitbildung stattfindet und eine spiegelnde Oberfläche erhalten wird*.

Auch die Rußschicht, die aus einer brennenden Kohlenwasserstoffflamme auf eine Platte niedergeschlagen wird, kann man sich durch Verdampfen von Kohlenstoff in einer Gasatmosphäre entstanden denken. Eine derartige Rußschicht besteht aus sehr kleinen Teilchen der Größe von einigen mμ.

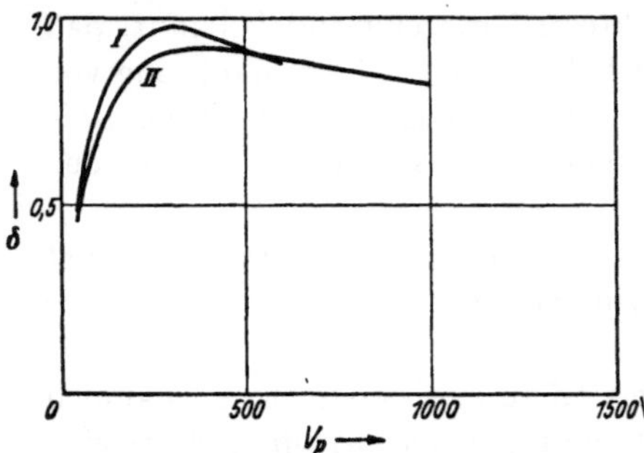

Abb. 42. Sekundäremissionsvermögen einer übergedampften Aluminiumschicht (*I*) und einer Aluminiumplatte, deren Oxydschicht abgestaubt worden ist (*II*).

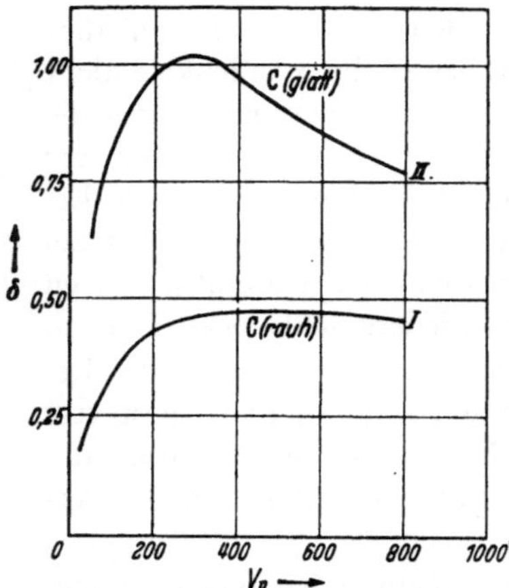

Abb. 43. Sekundäremissionsvermögen von Ruß (*I*) und einer glatten Kohlenoberfläche (*II*). (Nach Bruining [165d].)

Das Sekundäremissionsvermögen solcher optisch schwarzen, mikrokristallinen Schichten ist nun viel kleiner als das Sekundäremissionsvermögen glatter zusammenhängender Schichten. Abb. 43 zeigt z. B.

* KOLLATH [178] teilt mit, daß die von ihm erhaltenen Schichten das Aussehen einer angeschlämmten Schicht zeigen. Es ist möglich, daß das Vakuum während der Verdampfung verdorben ist, so daß bei diesen Versuchen das Beryllium mehr oder weniger durch eine Gasatmosphäre verdampft worden ist.

die Sekundäremission von Ruß und daneben zum Vergleich das Sekundäremissionsvermögen einer glatten Kohleelektrode, die durch Bedeckung einer Platte mit gemahlenem Graphit in wäßriger Suspension („Aquadag") hergestellt wurde. Wenn das Wasser verdampft ist, bekommt man eine zusammenhängende glatte Schicht. Die Graphitkristallite sind in diesem Falle mit ihrer natürlichen Spaltfläche parallel der Fläche der Unterlage orientiert.

Abb. 44 zeigt das Sekundäremissionsvermögen einer schwarzen Nickelschicht im Vergleich mit dem Sekundäremissionsvermögen einer Nickelplatte. Wird das schwarze Nickel erhitzt, so steigt das Sekundäremissionsvermögen und es stellt sich heraus, daß die ursprünglich schwarze Schicht eine graue Farbe erhalten hat. Die sehr kleinen Kristallite sind zu größeren vereinigt, es hat eine Sinterung stattgefunden *.

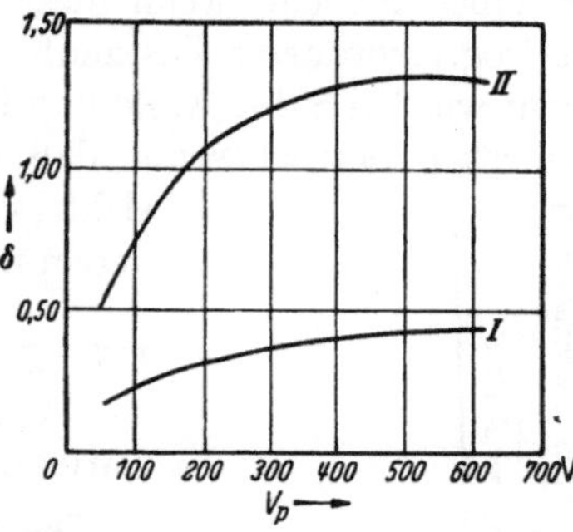

Abb. 44. Sekundäremissionsvermögen einer „schwarzen" Nickelschicht (*I*) und einer Nickelplatte (*II*). (Nach BRUINING [165 c].)

Die Erklärung für das geringe Sekundäremissionsvermögen ist in Abb. 45 wiedergegeben. Hat ein Sekundärelektron das Austrittspotential bei einer glatten Oberfläche überwunden, so begegnet es auf seinem weiteren Weg keinen stofflichen Hindernissen mehr. Anders verhält sich eine solche Oberfläche von einigermaßen labyrinthischer Struktur. Dort ist es möglich, daß die Elektronen nach ihrem Austritt aus dem Stoff von einer umringenden Wand erneut aufgefangen werden.

Die schwarzen Schichten bilden ein natürliches Mittel, um die Sekundärelektronenemission dort, wo sie stört, zu erniedrigen. Im letzten Kapitel werden wir noch Beispiele davon besprechen.

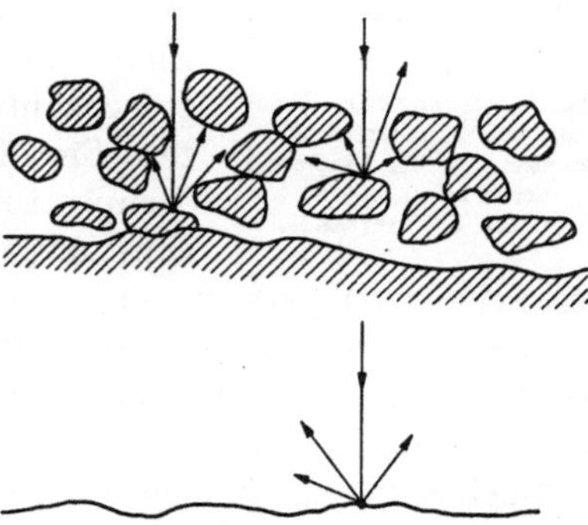

Abb. 45. Erklärung für das niedrige Sekundäremissionsvermögen einer rauhen Oberfläche. Im Falle einer glatten Oberfläche kann ein Sekundärelektron unbehindert austreten, bei einer rauhen Oberfläche kann es von einer umringenden Wand eingefangen werden. (Nach BRUINING [165 c].)

§ 6. Sekundärelektronenemission von Metallen in „geordnetem" und „ungeordnetem" Zustand (SUHRMANN und KUNDT [210]).

Daß die Kristallstruktur doch einen Einfluß auf die Sekundärelektronenemission einiger Metalle ausüben kann, wird gezeigt durch

---

* Eine derartige Sinterung kann man bei allen Metallen beobachten. Die Sintertemperatur ist viel niedriger als die Schmelztemperatur. Es hat

Versuche von Suhrmann und Kundt. In einer vorläufigen Mitteilung behaupten diese beiden Verfasser, daß das Sekundäremissionsvermögen von Metallschichten, die mittels Verdampfung im Vakuum auf eine gekühlte Platte niedergeschlagen (Temperatur 83° abs.) und in „ungeordnetem" Zustand sind, größer ist als das Sekundäremissionsvermögen derselben Schicht, wenn diese auf Zimmertemperatur erwärmt worden ist (sog. geordneter Zustand). Die Erscheinung ist irreversibel. Untersucht wurden Silber, Gold und Kupfer. Es fehlen weitere Zahlenangaben; bemerkenswert ist weiter, daß auch das Lichtreflexionsvermögen und die elektrische Leitfähigkeit von Metallen in geordnetem und ungeordnetem Zustand verschieden ist.

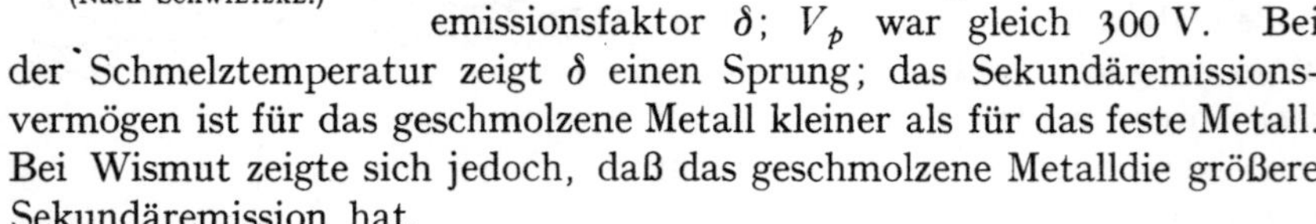

Abb. 46. Sprungartige Änderung des Sekundäremissionsvermögens in der Umgebung des Schmelzpunktes. (Nach Schwietzke.)

§ 7. Die Sekundärelektronenemission in der Umgebung des Schmelzpunktes, des Curiepunktes und der Umwandlungspunkte.

Die Versuche, die wir in diesem Kapitel besprechen wollen, sind wichtig für den Mechanismus der Sekundärelektronenemission. Es handelt sich nur um kleine Effekte, und leider widersprechen sich die verschiedenen Resultate in mancher Hinsicht. In der Umgebung des Schmelzpunktes hat Schwietzke[161] die von Blei, Zinn und Wismut ausgesandten Sekundärelektronenzahl bestimmt. Abb. 46 gibt die Resultate für Zinn; die Ordinate ist ein Maß für die Temperatur, die Abszisse gibt den Sekundäremissionsfaktor δ; V_p war gleich 300 V. Bei der Schmelztemperatur zeigt δ einen Sprung; das Sekundäremissionsvermögen ist für das geschmolzene Metall kleiner als für das feste Metall. Bei Wismut zeigte sich jedoch, daß das geschmolzene Metall die größere Sekundäremission hat.

Nach Schwietzke geht aus diesen Versuchen hervor, daß ein gewisser Zusammenhang besteht zwischen Sekundäremissionsvermögen und Austrittsarbeit, weil auch Rottgart* bei seinen Untersuchungen über die Änderungen der Austrittsarbeit für Wismut ein gegenüber Zinn und Blei umgekehrtes Verhalten der Austrittsarbeit beim Übergang vom flüssigen in den festen Aggregatszustand findet. Hier sollte eine Zunahme der Austrittsarbeit eine Abnahme der Sekundäremission bedeuten, und umgekehrt.

Von Tartakowsky und Kudrjawzewa[88] wurde die Sekundärelektronenemission von Nickel in der Umgebung des Curiepunktes

---

sich herausgestellt, daß die Metalle mit dem höchsten Schmelzpunkt auch die höchste Sintertemperatur zeigen. Eine schwarze Wolframschicht z. B. kann auf Rotglut erhitzt werden ohne wesentliche Strukturänderung, während eine schwarze Silberschicht schon bei viel niedriger Temperatur gesintert wird.

* Rottgart: Diss. Berlin 1936.

untersucht. Es zeigte sich, daß bei dem Curiepunkt eine sprunghafte Änderung des sekundären Stromes auftritt. Auch von HAYAKAWA[92] wurden sprunghafte Änderungen beim Curiepunkt beobachtet, und zwar bei Eisen, Nickel und Kobalt; auch wurden Unstetigkeiten bei den allotropen Umwandlungspunkten beobachtet. Dabei hat HAYAKAWA gefunden, daß die Sekundärelektronenemission stetig mit der Temperatur zunimmt (außer in der Umgebung dieses Punktes). Letzteres steht aber nicht in Einklang mit den Resultaten vieler anderer Verfasser, die gefunden haben, daß das Sekundäremissionsvermögen der Metalle unabhängig von der Temperatur ist. Schließlich seien hier die neuesten Veröffentlichungen von RAO und VADACHARI[186] und von TRELOAR und LANDON[190] erwähnt, die keinen Sprung beim Curiepunkt beobachtet haben.

IV. Das Sekundäremissionsvermögen von Verbindungen.

§ 1. Einleitung.

In diesem Kapitel wird das Sekundäremissionsvermögen der Metallverbindungen besprochen, und zwar halbleitender Verbindungen und nichtleitender Stoffe (Isolatoren). Die auftretenden Erscheinungen sind sehr verwickelt, weil einerseits viele Metallverbindungen schlechte Elektrizitätsleiter sind, so daß man immer der Möglichkeit von Aufladungen Rechnung zu tragen hat und andrerseits die Verbindung durch das Elektronenbombardement bestimmte Änderungen hinsichtlich der Zusammenstellung erleidet, welche außer der Sekundärelektronenemission auch den Leitungsmechanismus wesentlich beeinflussen können.

Wir werden alle Erscheinungen ausführlich besprechen und versuchen, sie zu klassifizieren; unter den Metallverbindungen gibt es Stoffe mit größerem Sekundäremissionsvermögen, so daß diese auch in technischer Hinsicht sehr wichtig sind.

§ 2. Der Sekundärelektronenstrom der „Photokathode" vom Typus [Ag]—Cs_2O, Ag—Cs* und von anverwandten Elektroden.

Die Elektrode [Ag]—Cs_2O, Ag—Cs besteht aus einer Silberunterlage, welche überdeckt ist mit einer Silber enthaltenden Schicht Cs_2O, an derer Oberfläche Caesiumatome adsorbiert sind; diese Schicht ist vielfach Gegenstand ausführlicher Untersuchungen gewesen. Daß diese ziemlich komplizierte Schicht ausgewählt wurde und noch gebraucht wird als Oberfläche mit starker Sekundärelektronenemission, ist auf die Hand liegende Meinung zurückzuführen, daß eine große Sekundäremission ($\delta\sim3$ bis 10) mit großer Lichtempfindlichkeit verknüpft sein würde, was jedoch in Wirklichkeit nicht der Fall ist, wie schon in Kap. III

---

* DE BOER, J. H.: Elektronenemission und Adsorptionserscheinungen, S. 254. Leipzig 1937.

gezeigt wurde. (Die Elektroden vom obengenannten Typus sind die bisher bekannten empfindlichsten Photokathoden.) Daß diese Kathoden sehr gut als Elektroden mit großem Sekundäremissionsvermögen verwendet werden können, ist Zufall, wie später gezeigt werden soll.

Bekanntlich wird die Elektrode [Ag]—Cs_2O, Ag—Cs auf folgende Weise hergestellt: Eine Silberplatte oder aufgedampfte Silberschicht wird in einer Sauerstoffentladung oxydiert (das Silber ist in dieser Entladung Kathode), so daß eine Oxydschicht von der Stärke einiger hundert Moleküle entsteht.

Wenn, nach der Oxydation, Caesium* freigemacht wird, so wird dieses Metall völlig vom Silberoxyd absorbiert. Erhitzt man das ganze System auf etwa 250° C, so findet eine Reaktion zwischen dem Silberoxyd und dem Caesium statt, so daß Caesiumoxyd und Silber gebildet werden. Das Übermaß von Caesium wird an der Oberfläche adsorbiert. Das Silber ist also von einer Silber enthaltenden Schicht Cs_2O überdeckt, an der Caesiumatome adsorbiert sind, was durch das Symbol [Ag]—Cs_2O, Ag—Cs ausgedrückt wird. Die Caesiumquantität kann dosiert werden durch Erhitzung der Schicht bis auf eine geeignete Temperatur (ungefähr 200° C), wodurch das Caesium allmählich vertrieben wird. Die Anwesenheit eines Caesiumgetters ist dabei notwendig (Zinn, Bleiglas).

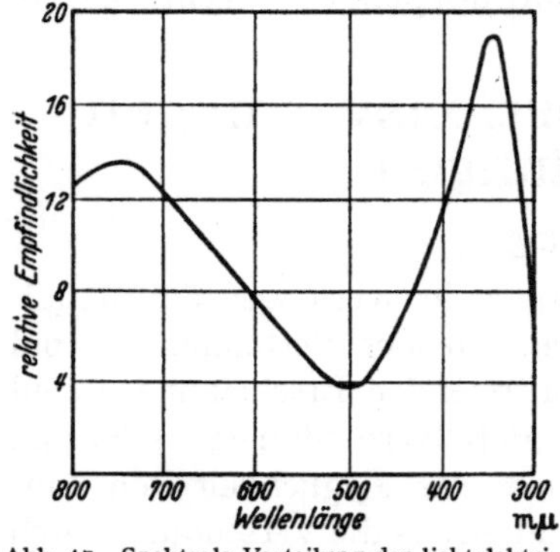

Abb. 47. Spektrale Verteilung der lichtelektrischen Empfindlichkeit einer [Ag]-Cs_2O, Ag-Cs-Kathode nach KOLLER [Phys. Rev. Bd. 36, (1930) S. 1642.]

Von verschiedenen Autoren ist festgestellt worden, daß diese Photokathode einen lichtelektrischen Strom gibt, der als Funktion der Wellenlänge zwei Maxima zeigt** (Abb. 47). Das Maximum im langwelligen Gebiet liegt bei der Kathode [Ag]—Cs_2O, Ag—Cs zwischen 700 und 800 mμ. Bei der Einstrahlung mit Licht dieser Wellenlänge sind die Emissionszentren die voneinander isolierten Caesiumatome, die an der Oberfläche adsorbiert sind. Es gibt einen gewissen Bedeckungsgrad mit Caesiumatomen, bei dem die Empfindlichkeit am größten ist. Gibt es zuviel Caesium, so entsteht an der Oberfläche eine mehr oder weniger zusammenhängende metallische Schicht mit einer geringen photoelektrischen Ausbeute; gibt es zu wenig Caesium, so hat man keine Atome an der Oberfläche und somit keine Empfindlichkeit für sichtbares Licht. Das kurzwellige Maximum, das oft eine kompliziertere Struktur zeigt, liegt bei ungefähr 350 mμ. Man hat Andeutungen, daß die Emissions-

---

* Es kann auch ein anderes Alkalimetall benutzt werden; die für sichtbares Licht empfindlichste Photokathode wird aber mit Caesium erhalten.

** KOLLER, L. R.: Phys. Rev. Bd. 36 (1930) S. 1642.

zentren der kurzwelligen Maxima mit tiefer liegenden Atomen zusammenhängen *.

Wie schon gesagt, ist das Sekundäremissionsvermögen dieser Schichten von verschiedenen Verfassern bestimmt worden. Wir möchten die Resultate dieser Untersuchungen in historischer Reihenfolge erwähnen, wobei sich zeigen wird, daß die an der äußeren Oberfläche adsorbierten Caesiumatome, die bei Einstrahlung mit sichtbarem Licht die Emissionszentren sind, bei der Sekundärelektronenemission nur eine unwesentliche Rolle spielen.

Der erste Untersucher, der die Elektrode [Ag]—Cs_2O, Ag—Cs als sekundäremittierende Schicht verwendet hat, ist P. T. FARNSWORTH[99a] gewesen; in Kap. VIII werden wir das von ihm benutzte Gerät beschreiben.

IAMS und SALZBERG[109] haben eine „Sekundäremissionsphotozelle" beschrieben, bei der die lichtempfindliche und die sekundäremittierende Oberfläche eine Schicht von obengenannter Herstellung bildeten.

Auch PENNING und KRUITHOF[113] haben eine derartige Sekundäremissionsphotozelle hergestellt.

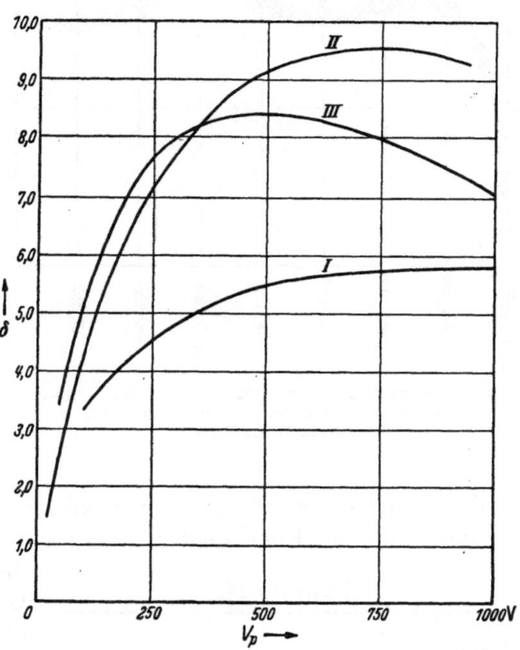

Abb. 48. Sekundäremissionsvermögen einer [Ag]-Cs_2O, Ag-Cs-Elektrode. *I* nach IAMS und SALZBERG; *II* nach PENNING und KRUITHOF; *III* nach ZWORYKIN, MORTON und MALTER.

Diese Verfasser haben bemerkt, daß die Lichtempfindlichkeit für sichtbares Licht sehr stark herabsinken konnte, während die Sekundäremission konstant blieb. Letzteres wurde dadurch erklärt, daß die Photoemission in einer Photoionisierung der an der Schichtoberfläche adsorbierten Atomen besteht, während die Sekundäremission mehr im Inneren der Schicht ihren Ursprung hat.

ZWORYKIN, MORTON und MALTER[138] haben bei der Benutzung dieser Schicht als sekundäremittierende Oberfläche in ihrem „Electronmultiplier" bemerkt, daß die Quantität freies Caesium in einer gut sekundäremittierenden Schicht etwas kleiner ist als die, welche für die maximale Photoempfindlichkeit notwendig ist. Das von IAMS und SALZBERG, von PENNING und KRUITHOF und von ZWORYKIN und Mitarbeitern angegebene Sekundäremissionsvermögen ist von derselben Größenordnung (Abb. 48).

* DE BOER, J. H.: Elektronenemission und Adsorptionserscheinungen, S. 254. Leipzig 1937.

Ausführliche Untersuchungen sind durchgeführt worden von WEISZ[136]. Nach WEISZ werden Elektroden mit größtem Sekundäremissionsvermögen erhalten, wenn man als Trägermetall Silber und als Alkalimetall Caesium nimmt. Auch die günstigste Oxydationsdicke des Silbers ist von WEISZ bestimmt worden. Abb. 49 gibt die von WEISZ erhaltenen δ-Werte als Funktion der Oxydationsstärke (die Farbe ist dafür ein Maß). Tabelle II gibt die Höchstausbeute von Caesiumoxydschichten auf verschiedenen Trägermetallen.

WEISZ bemerkt, wie die anderen Autoren, daß die Sekundäremission relativ wenig beeinflußt wird von der Oberflächenbehandlung.

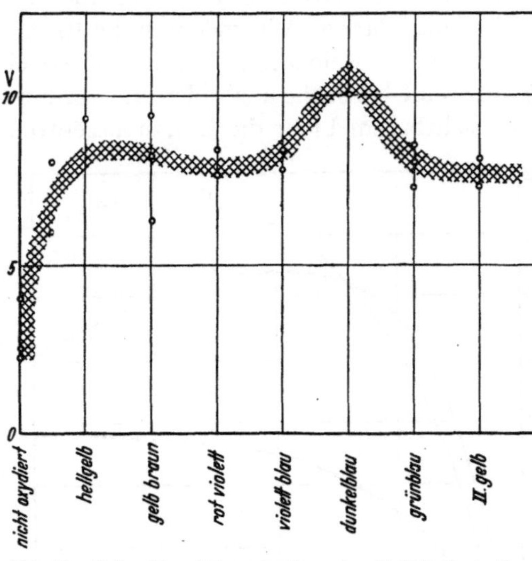

Abb. 49. Sekundäremissionsvermögen der [Ag]-Cs$_2$O, Ag-Cs-Elektrode in Abhängigkeit der Oxydationsdicke. (Nach WEISZ [135].)

DOBROLJUBSKI[120, 121] hat in einer kurzen Veröffentlichung mitgeteilt, daß die Größe der Koeffizienten der sekundären Elektronenemission bei diesen Schichten von der Größe ihrer integralen Empfindlichkeit im ultravioletten Gebiet bestimmt wird; DOBROLJUBSKI schließt hieraus, daß die Sekundärelektronen in der Unterlage entstehen, d. h. im Trägermetall und in der Schicht Cs$_2$O.

Auch von TIMOFEEW und PJATNITSKI[130] ist die Elektrode [Ag]—Cs$_2$O, Ag—Cs untersucht worden. Als Trägermetall wurden die Metalle Nickel, Kupfer, Molybdän,

Tabelle II.

Träger-metall	δ_{max}	
Mg . .	6,8— 7,5	
Al . .	4,4— 4,7	
Fe . .	2,7— 2,9	
Ni . .	4,6— 5,2	
Cu . .	3,5— 4,0	Höchstausbeuten von Caesiumoxydschichten auf verschiedenen Trägermetallen nach WEISZ
Zn . .	4,5— 5,4	
Mo . .	2,5— 3,1	
Ag . .	8 —11	
Ta . .	4,1— 5,5	
W . .	3,8— 3,9	
Au . .	2,3	
Pb . .	2,3— 3,3	

Wolfram und Silber gebraucht, wobei die größte Sekundärelektronenemission mit Silber erhalten wurde. Für dieses Metall wurde die größte Sekundärelektronenemission gefunden bei einer Oxydationstiefe von 200 Molekülschichten. Die photoelektrische und sekundäre Emission wurde bestimmt als Funktion der Zeit, während welcher die Schicht erwärmt wurde, wodurch der Caesiumüberschuß allmählich verschwindet. Als Funktion dieser Erhitzungszeit zeigt die photoelektrische* und die sekundäre Emission ein Maximum. Wie Abb. 50 zeigt, wird zuerst die Caesiumkonzentration, wobei die photoelektrische Emission maximal ist, erreicht und nachher die Konzentration, wobei die sekundäre Elektronenemission maximal ist. Auffallend ist auch hier wieder, daß die Sekundärelektronenemission relativ wenig von der Oberflächenbeschaffenheit abhängig ist und daß die Bedingungen für größte Photoempfindlichkeit und größtes Sekundäremissionsvermögen ganz verschieden sind. TIMOFEEW und PJATNITSKI haben aus diesen Ergebnissen geschlossen, daß

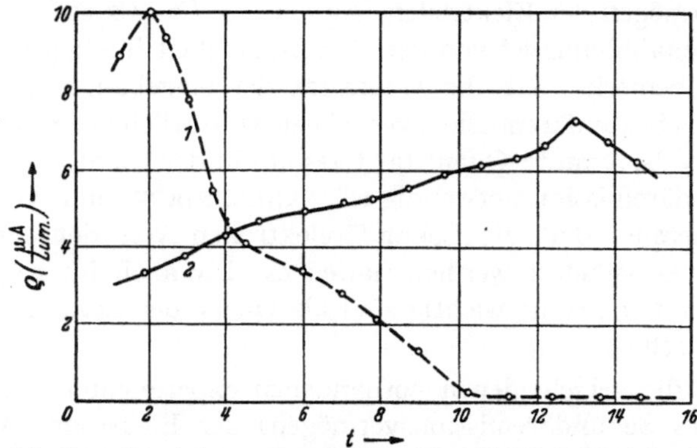

Abb. 50. Verlauf des Sekundäremissionsvermögens δ (Kurve 2) und der photoelektrischen Empfindlichkeit ϱ (Kurve 1) einer [Ag]-Cs$_2$O-, Ag-Cs-Elektrode während der Zeit, daß der Überschuß an Caesium vertrieben wird. (Nach TIMOFEEW und PJATNITSKI.)

die Emissionszentren für photoelektrische und sekundäre Emission verschieden sind; sie meinen, daß die Sekundärelektronen aus Caesiumatomen gelöst werden, die im Cs$_2$O an inneren Oberflächen adsorbiert sind. Diese Behauptung werden wir im nächsten Abschnitt weiter diskutieren. In einer weiteren Verhandlung schreiben TIMOFEEW und PJATNITSKI, daß ähnliche Erscheinungen beobachtet wurden bei Schichten, die mit Kalium und Rubidium sensitiviert waren[162].

KWARZCHAWA[124] hat das Sekundäremissionsvermögen einer photoelektrisch ermüdeten Elektrode [Ag]—Cs$_2$O, Ag—Cs bestimmt. Es hat sich herausgestellt, daß das Sekundäremissionsvermögen einer solchen Elektrode kleiner ist als das Sekundäremissionsvermögen einer nicht ermüdeten Kathode**. KWARZCHAWA schließt hieraus (der einzige, der das behauptet), daß die Sekundärelektronen aus den adsorbierten Caesiumatomen gelöst werden, weil die photoelektrischen Ermüdungserscheinungen durch einen Mangel an der äußeren Oberfläche adsorbierten Caesiumatomen entstehen. Diese Folgerung ist aber nicht ohne weiteres gerechtfertigt, weil die Ermüdung auch auf andere Weise

---

* Einstrahlung mit sichtbarem Licht.

** DOBROLJUBSKI hat später dasselbe gefunden [Phys. Z. Sowjet. Bd. 11 (1937) S. 118].

verursacht werden kann, z. B. durch eine verringerte Leitfähigkeit des Oxydes. Außerdem ist es unmöglich, daß eine nicht einmal völlig besetzte monoatomare Schicht alle ausgesandten Sekundärelektronen liefern könnte, wie in Kap. V gezeigt werden wird. Die Behauptung von KWARZCHAWA ist um so mehr verwunderlich, weil er später erwähnt, daß Caesiumschichten, die oxydiert und photoelektrisch unempfindlich sind, eine sehr große Sekundärelektronenemission zeigen, was wiederum mit den Erfahrungen der anderen Autoren in Übereinstimmung ist.

Schließlich wollen wir die Arbeit von KHLEBNIKOW und KORSHUNOVA[174] diskutieren. Diese Verfasser' haben beobachtet, daß das Sekundäremissionsvermögen der Elektroden [Ag]—Cs$_2$O, Cs—Cs und [Ag]—Cs$_2$O, Ag, Cs—Cs unabhängig ist von der Empfindlichkeit für sichtbares Licht, haben aber bemerkt, daß die Quantität der eingebauten Metallatome die Größe des Sekundäremissionsvermögens wesentlich beeinflussen kann, d. h. daß eine bestimmte Quantität Caesium in der Oxydschicht für eine große Sekundäremission notwendig ist. KHLEBNIKOW und KORSHUNOVA schließen hieraus, daß die Sekundärelektronen von den eingebauten Caesiumatomen geliefert werden, halten es aber auch für möglich, daß diese eingebauten Atome wichtig sind als Quelle der Leitungselektronen in der Oxydschicht.

Obgleich die verschiedenen vorhandenen experimentellen Ergebnisse bezüglich des Sekundäremissionsvermögens der Elektrode [Ag]—Cs$_2$O, Ag—Cs nicht in allen Einzelheiten übereinstimmen, kommen die verschiedenen Autoren fast alle zu dem wichtigen Resultat, daß die Empfindlichkeit für sichtbares Licht nichts mit dem Sekundäremissionsvermögen zu tun hat. Die Sekundärelektronen entstehen offenbar in der Oxydschicht. Die Frage bleibt, ob die Sekundärelektronen aus den in der Oxydschicht eingebauten Caesiumatomen gelöst werden, oder ob das Oxyd selbst der sekundäremissionsfähige Stoff ist und die eingebauten Atome als Lieferanten von Leitungselektronen zu betrachten sind.

Man kann sofort einsehen, daß es unwahrscheinlich ist, daß Alkaliatome die Sekundärelektronen liefern würden, weil fast von jeder Schicht einer Verbindung eines elektropositiven Metalles $\delta > 3$ ist, wenn man nur dafür Sorge trägt, daß die Schicht nicht zu dick ist. Wenn Alkaliatome die Sekundärelektronen liefern würden, so sollte eine sekundäremissionsfähige Schicht sicher nicht so leicht herzustellen sein; in diesem Falle wäre eine genaue Dosierung des freien Alkalimetalles sicher notwendig, wie bei der Photokathode.

Der experimentelle Beweis, daß die reine Verbindung eine große Sekundärelektronenzahl liefert, kann natürlich am besten gegeben werden durch Messung des Sekundäremissionsvermögens einer reinen Verbindung. Dafür kann man z. B. eine Überdampfschicht einer Alkalihalogenide benutzen (siehe den nächsten Abschnitt). So wurde für eine Überdampfschicht von NaCl $\delta \approx 5$ gefunden ($V_p = 150$ V), wobei zu beachten ist, daß die während der Messung in Freiheit gesetzte Alkali-atomzahl zu vernachlässigen war (§ 4)[197].

Die Bedeutung der eingebauten Alkaliatome besteht also darin, daß sie die Lieferanten der Leitungselektronen sind. Die Zahl der eingebauten Atome ist maßgebend für die Leitfähigkeit; die Leitfähigkeit bestimmt die elektrische Feldstärke innerhalb der Schicht, das Potential der Oberfläche der Schicht und somit die ausgesandte Sekundärelektronenzahl, so daß die Sekundärelektronenemission der Verbindungen von einer viel größeren Zahl Faktoren mitbestimmt wird als die Sekundäremission der Metalle.

§ 3. Das Sekundäremissionsvermögen der Verbindungen der elektropositiven Metalle.

In Kap. III wurde schon ein Oxyd mit großem Sekundäremissions-vermögen genannt, nämlich Bariumoxyd. Es liegt die Vermutung nahe, daß viele Verbindungen der elektropositiven Metalle ein großes Sekundäremissions-vermögen haben. Dies ist tatsächlich der Fall. In Tabelle III geben wir eine Übersicht des maximalen Sekundäremissionsvermögens, δ_{max} einfacher Verbindungen.

Wie schon gesagt wurde und weiter gezeigt werden wird, ist es nicht möglich, die Größenordnung des Sekundäremissionsvermögens der Verbindungen anzugeben. Es hängt von vielen anderen Faktoren ab und ist zahlenmäßig für die Verbindungen viel weniger genau anzugeben als für die Metalle.

Tabelle III. Maximales Sekundäremissionsvermögen von einfachen Verbindungen elektropositiver Metalle. (Verbindungen von Ionen mit abgeschlossenen Elektronenschalen.)

Verbindung	Herstellung	δ_{max}
MgO	{ Übergedampft von einer Pt-Spirale	$3,95^{165\,d}$
BaO	Oxydiertes Barium	$4,8^{165}$
Al$_2$O$_3$	{ Oxydschicht auf einer Al-Platte*	$2—3^{165}$ / $2,55^{133}$
LiF		5,6
NaF		5,7
CaF$_2$		3,15
BaF$_2$		4,5
NaCl	Durch Hochvakuum	6,8
KCl	von einem W-Draht	7,5
RbCl	übergedampfte	5,8
CsCl	Schicht[198]	6,5
NaBr		6,25
NaJ		5,5
KJ		5,6

Über das Sekundäremissionsvermögen komplizierterer Verbindungen ist wenig bekannt, aller Wahrscheinlichkeit nach wird es niedriger sein als das Sekundäremissionsvermögen der einfachen Verbindungen. Für Mg-Wolframat und Ca-Wolframat (bekannte Fluoreszenzstoffe) ist $\delta = 1$ bei $V_p = 200$ V. Jedoch fehlen zur Zeit systematische Untersuchungen bezüglich dieser Gruppe von Stoffen.

---

* Eine Aluminiumplatte überdeckt sich an der Luft mit einer Oxyd-schicht, die nach Erhitzung im Hochvakuum das obengenannte Sekundär-emisssionvermögen zeigt.

§ 4. Die Zersetzung einer sekundäremittierenden Verbindung mit großem δ.

Wenn eine Schicht der Verbindung eines elektropositiven Metalles mit Elektronen bestrahlt wird, so kann man oft beobachten, daß die Sekundärelektronenemission als Funktion der Zeit sinkt. Sehr deutlich zeigen die durch Vakuum übergedampften Alkalihalogenidschichten diese Erscheinung (Abb. 51). Weil die Oxydation einer Schicht, derer Sekundäremissionsvermögen auf diese Weise zerstört worden ist, dasselbe wieder erhöht, so muß man annehmen, daß diese durch Elektronenbestrahlung hervorgerufene Verringerung durch eine Abscheidung von Alkalimetall verursacht worden ist[197].

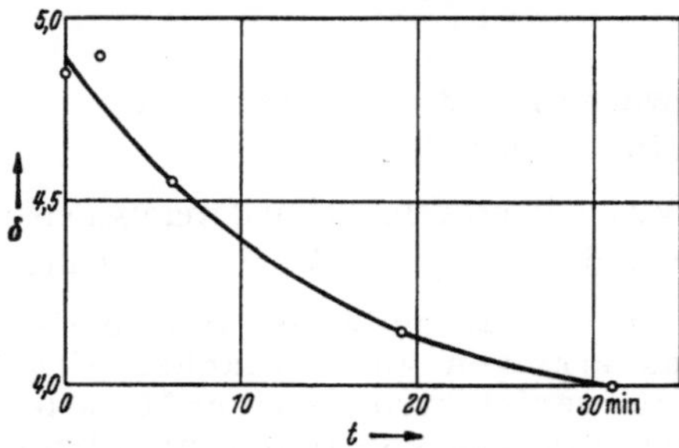

Abb. 51. Verlauf des Sekundäremissionsvermögens einer Natriumchlorid-Überdampfschicht als Funktion der Zeit (Abnahme während der Beschießung mit Primärelektronen).

Obgleich die Untersuchungen bezüglich dieser Zersetzung sich noch in einem Anfangsstadium befinden, und manches noch sehr unsicher ist, wollen wir doch versuchen, eine Erklärung vorzuschlagen für diese Metallabscheidung. Es handelt sich hier um eine, in technischer Hinsicht wichtige Erscheinung, die nähere Einsichten geben kann in den Mechanismus der Sekundärelektronenemission.

Als Beispiel nehmen wir eine sekundäremittierende Schicht von Natriumchlorid. Die Elektronen, die als Sekundärelektronen emittiert werden, sind im Kristallgitter die energiereichsten, d. h. diejenigen, die das höchste Energieband besetzen. Bei Natriumchlorid sind es die 3 p-Elektronen der Chlorionen. Wenn ein derartiges Elektron emittiert wird, so bleibt ein Chloratom zurück im Gitter. Man kann zwei Fälle unterscheiden:

a) Das Chloratom bleibt im Gitter.

b) Das Chloratom entweicht.

Weil durch die Emission eines sekundären Elektrons eine positive Ladung im Gitter zurückgeblieben ist, muß ein nachliefernder Elektronentransport die Ladung wieder neutralisieren. Im Falle a) wird die lokale elektrische Neutralität wieder erreicht, indem das auffüllende Elektron sich mit dem Chloratom wieder vereinigt zu einem Chlorion, womit der alte Zustand wieder·hergestellt ist. Im Falle b) aber ist ein Chlorion verschwunden; der neutrale Zustand wird erreicht, indem ein Elektron in das „Loch", das das verschwundene Ion hinterlassen hat, eingefangen wird. Nach den modernen Auffassungen gehört ein derartiges Elektron zu diesem „Loch" und den sechs umringenden Natriumionen. Es bildet ein sog. „Farbzentrum", das sich benimmt wie ein neutrales Atom in dem neutralen Gitter. Wenn nun ein Teil der Chloratome entwichen ist, so agglomerieren sich einige „Farbzentren" und bilden kolloidale Metallteilchen mit Leitungselektronen, wodurch das Sekundäremissionsvermögen sinkt (Kap. II). Aus diesem Bild ersieht man, daß infolge der Sekundärelektronenemission das Salz zum Teil zersetzt ist; einige Chloratome sind dabei verschwunden und die sich bildenden Natriumatome haben sich zu kolloidalen Teilchen agglomeriert.

Weitere Experimente sind notwendig, um die Richtigkeit dieses Bildes zu prüfen.

Es sei hier noch erwähnt, daß die Abnahme der Sekundäremission, d.h. die Zersetzung bei den Halogeniden von Alkali- und Erdalkalimetallen viel schneller verläuft als bei den Oxyden. Für praktische Zwecke sind daher die letzteren für die Herstellung von Elektroden mit großem Sekundäremissionsvermögen vorzuziehen[165c] (Kap. VIII).

§ 5. Der Einfluß des Widerstandes der sekundäremittierenden Schicht auf die ausgesandte Sekundärelektronenzahl.

In diesem Abschnitt werden wir eine sekundäremittierende Schicht betrachten mit $\delta > 1$ (im allgemeinen $\delta \sim 3$ bis 10), wobei die Schicht einen bestimmten Querwiderstand zeigt.

Wenn eine derartige Elektrode Sekundärelektronen emittiert, so kann in den am Vakuum grenzenden Schichten ein Mangel an Elektronen entstehen, weil die positive Überschußladung nicht genügend schnell neutralisiert werden kann. Das Potential der oberflächlichen Schicht wird also steigen und wird einen Wert zwischen dem Potential des Trägermetalles

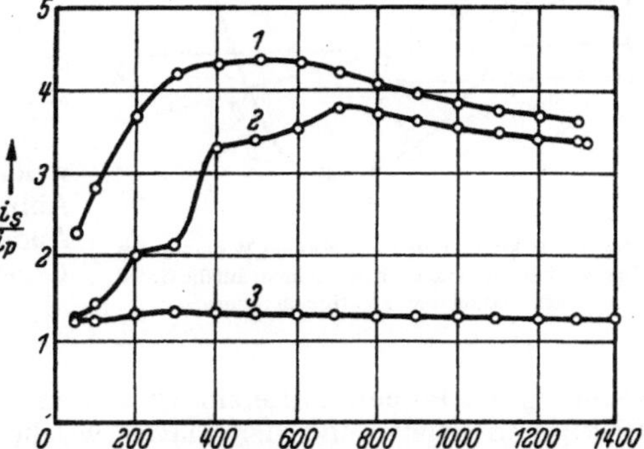

Abb. 52. Sekundäremissionsvermögen einer [Ag]-Cs₂O-, Cs-Cs-Elektrode nach KHLEBNIKOW und KORSHUNOVA; die Kurven 1, 2 und 3 beziehen sich auf Oberflächen, die eine wachsende Quantität Sauerstoff absorbiert haben.

und dem Potential der Kugel annehmen (vgl. Abb. 4). Die obere Grenze wird vom Potential der Kugel bestimmt; wird dieses nämlich zuviel überschritten, so können die Sekundärelektronen nicht mehr abgeführt werden.

Wenn der Widerstand der Schicht genügend groß ist, so kann sich der Zustand einstellen, daß der sekundäre und der primäre Strom einander fast gleich sind, obgleich $\delta \gg 1$ sein kann. Ein typisches Beispiel kann man in der Arbeit von KHLEBNIKOW und KORSHUNOVA[174] finden. In der aus dieser Arbeit entnommenen Abb. 52 ist das Verhältnis* vom

---

* Wir setzen i_s/i_p und nicht δ, weil es hier um die Sekundärelektronenzahl geht, welche die sekundärelektronensammelnde Elektrode erreicht.

sekundären zum primären Strom einer [Ag]—Cs_2O, Cs—Cs Kathode, i_s/i_p, angegeben, wenn die Quantität freien Caesiums (Caesiumatomenzahl) im Oxyd variiert wird. Es zeigt sich, daß $i_s/i_p \sim 1$ wird, wenn die Schicht der Einwirkung von Sauerstoff ausgesetzt wird, wodurch die Leitfähigkeit sinkt.

Ein zweites Beispiel[197] findet man bei der Messung des sekundären Elektronenstromes, der von einer sog. Oxydkathode emittiert wird. Eine Oxydkathode besteht aus Mischkristallen von BaO und SrO und enthält im „aktivierten" Zustand, d. h. wenn sie fähig ist, bei einer Temperatur von etwa 1100° K thermisch Elektronen zu ermittieren (~ 1 A/cm²), eingebaute Bariumatome*. Eine derartige aktivierte Oxydkathode kann ein Verhältnis i_s/i_p gleich 7 zeigen; wenn aber Sauerstoff zugelassen wird, so daß die eingebauten Erdalkaliatome oxydiert werden, so sinkt i_s/i_p.

Welche Potentiale die Oberfläche einer schlechtleitenden Oxydschicht annehmen kann, wird in Abb. 53 dargestellt. Der zur sekundäremittierenden Elektrode fließende Strom i_a (Differenz zwischen primärem und sekundärem Strom) wird einerseits bestimmt von der „Dynatronkennlinie"

$$i_a = f(V_p),$$

welche Kurve wir schon im Kap. II, Abb. 11 gegeben und diskutiert haben. Anderseits wird i_a vom OHMschen Gesetz bestimmt, d. h.

$$i_a = \frac{V_a - V_p}{R},$$

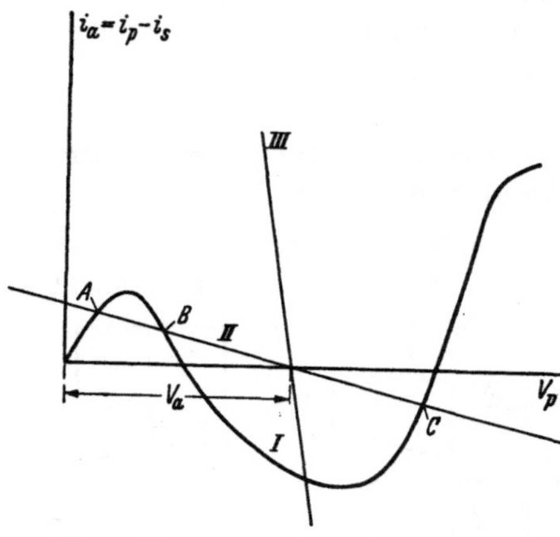

Abb. 53. Erklärung des Einflusses des Widerstandes einer sekundäremissionsfähigen Schicht auf die Größe des sekundären Elektronenstromes.

wenn V_a die Potentialdifferenz ist zwischen der Kathode, die die primären Elektronen liefert, und der Platte, welche die Oxydschicht trägt und R den Widerstand der Schicht darstellt. Die Kurven I und II haben drei Schnittpunkte, von denen B labil ist. Man kann also entweder den Zustand C bekommen, wobei das Oberflächenpotential hoch ist und $i_s \sim i_p$ [dieser Fall tritt ein beim KHLEBNIKOWschen Versuch in Abb. 52 (Kurve 3)]; oder den Zustand A, wobei das Oberflächenpotential niedrig ist und $i_s \ll i_p$, weil bei niedrigem V_p $\delta \sim 0$ ist. Auch von diesem Fall kann man ein Beispiel finden in der Arbeit von KHLEBNIKOW und KORSHUNOVA[174].

Wenn R sehr klein gemacht wird, so dreht sich die Gerade II in die Stellung III, i_s/i_p ist dann wieder gleich dem Sekundäremissionsvermögen δ.

Auch der Umstand, daß der von einer Verbindung ausgesandte sekundäre Elektronenstrom schwierig zu sättigen ist, ist eine Folge des Widerstandes der Oxydschicht. Wenn die Spannung, mit der die Sekundärelektronen abgesogen werden, steigt, so kann auch das Potential der

---

* DE BOER, J. H.: Elektronenemission und Adsorptionserscheinungen, S. 274. Leipzig 1937.

Oberfläche steigen. Dadurch wird das Potentialgefälle in der Oxyd-schicht größer. Die Feldstärke, die eine derartige Richtung hat, daß das Austreten der Sekundärelektronen befördert wird, nimmt zu, so daß auch i_s steigt. Abb. 54 zeigt, daß bei Verbindungen mit wachsender Absaugspannung i_s steigt; bei Metallen aber bekommt man einen gut definierten Sättigungswert[197].

§ 6. Der Einfluß der Oberflächenstruktur auf die Sekundärelektronen-emission von Verbindungen[197].

In Kap. III haben wir gezeigt, daß Metallschichten, welche aus kleinen Teilchen aufgebaut sind und eine rauhe Oberfläche haben, weniger

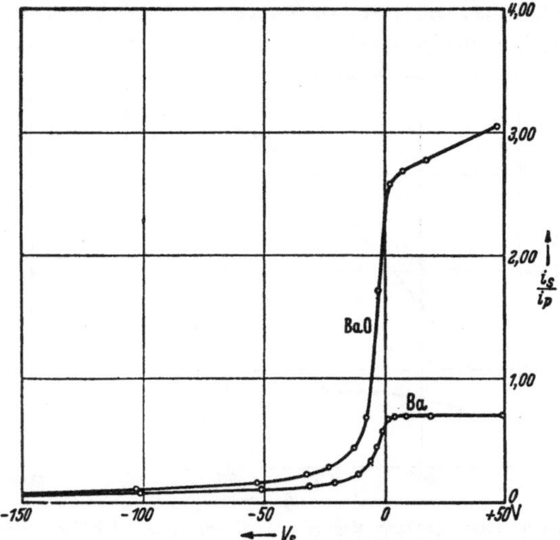

Abb. 54. Mit wachsender Absaugspannung ($V_S > 0$) nimmt bei Verbindungen (BaO) der Sekundärelektronen-strom zu, bei Metallen (Ba) wird ein Sättigungswert erreicht. (Bei $V_S < 0$ wird die Energieverteilung der Sekundärelektronen gemessen). (Nach BRUINING und DE BOER[197].)

Sekundärelektronen aussenden können als Platten mit einer glatten zusammenhängenden Oberfläche. Auch bei der Verbindung besteht ein Zusammenhang zwischen Sekundäremissionsvermögen und Oberflächen-struktur, jedoch in entgegengesetzter Richtung; z. B. kann man bei Magnesiumoxyd beobachten, daß das Sekundäremissionsvermögen einer durch Vakuum übergedampften Magnesiumoxydschicht viel niedriger ist als das Sekundäremissionsvermögen einer Schicht, die durch Verdampfung von Mg durch Sauerstoff erhalten wurde* (Abb. 55).

Die Erklärung für diese sehr große Ausbeute ist unsicher. Der sekun-däre Elektronenstrom ist in hohem Maße feldabhängig und zeigt Träg-heitserscheinungen in dem Sinne, daß der sekundäre Elektronenstrom

---

* Es bilden sich dann in der Gasatmosphäre MgO-Konglomerate, die als solche auf die betreffende Elektrode niederschlagen.

erst längere Zeit nach Einschalten des primären Elektronenstroms seinen endgültigen Wert erreicht*. Wahrscheinlich bilden sich elektrische Felder über die Teilchen von einer derartigen Richtung und Stärke, daß die gelösten Sekundärelektronen sich durch die Teilchen mit großer Geschwindigkeit in der Richtung des Vakuums bewegen, auf ihrem Wege Tertiärelektronen freimachend.

Es ist sehr wohl denkbar, daß ein Zusammenhang mit der in dem nächsten Abschnitt zu besprechenden „sekundären Feldemission" besteht.

§ 7. Sekundäre Feldemission (Thin film field emission, MALTER-Effekt).

Eine Erscheinung, die erst vor kurzem entdeckt worden ist und verschiedene Forscher interessiert hat, ist das Phänomen der sekundären

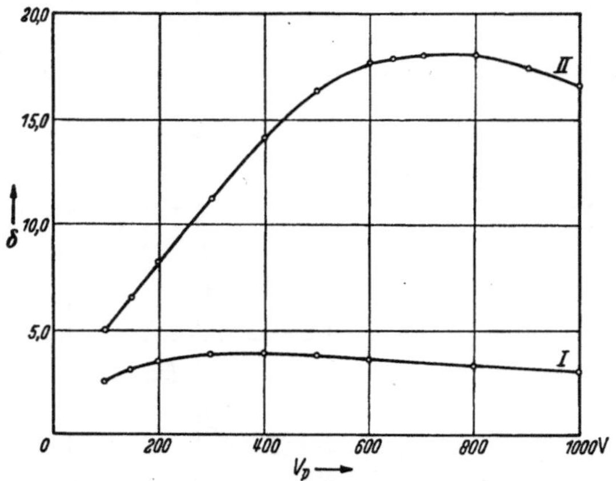

Abb. 55. Sekundäremissionsvermögen einer Magnesiumoxydschicht, die durch Verdampfung von Magnesium in einer Sauerstoffatmosphäre (*II*) erhalten ist; Kurve *I* gibt das Sekundäremissionsvermögen einer glatten Magnesiumoxydschicht. (Nach BRUINING und DE BOER [197].)

Feldemission. Die Erscheinung ist zuerst von MALTER [125, 126] gefunden; später sind Untersuchungen von MAHL [157, 181], KOLLER und JOHNSON [154] und MÜHLENPFORDT [184] durchgeführt worden.

Die von MALTER benutzte Elektrode, welche die sog. sekundäre Feldemission zeigte, war eine Aluminiumplatte, die elektrolytisch von einer Oxydschicht bedeckt war, welche letztere Schicht bedampft wurde mit Caesium, das wiederum oxydiert wurde. Es handelt sich hier also um die Kathode [Al]—Al_2O_3—Cs_2O**.

---

* Bei dieser Schicht wurden keine Trägheitserscheinungen beobachtet bei Ausschaltung des primären Elektronenstroms; vgl. die in § 7 zu besprechende sekundäre Feldemission.

** MALTER hat die Aluminiumoxydschicht auf elektrolytischem Wege hergestellt. Das Aluminium war Anode in einer gesättigten Lösung von Borax und Borsäure, Kathode war eine Platinfolie. Die Dicke der auf dieser Weise hergestellten Schicht hängt nur ab von der angelegten Spannung, und ist

Wird die Schicht [Al]—Al_2O_3—Cs_2O mit Primärelektronen von einigen Hunderten eV Energie bestrahlt, so tritt aus ihr bei Vorhandensein eines Absaugfeldes ein Elektronenstrom aus, der je nach der Größe des Primärstromes und der Höhe des Absaugfeldes 1000mal größer sein kann als der Primärstrom. Diese Emission zeigt Trägheitseigenschaften: sie erreicht erst einige Zeit nach Beginn der Primärelektronenbestrahlung ihren Höchstwert; nach Unterbrechung der Primärelektronenbestrahlung klingt sie nur langsam ab (Abb. 56). Wenn die Absaugspannung unterbrochen wird, so daß die Elektronen wieder auf die emittierende Schicht zurückfallen, so bricht die Feldemission sofort zusammen.

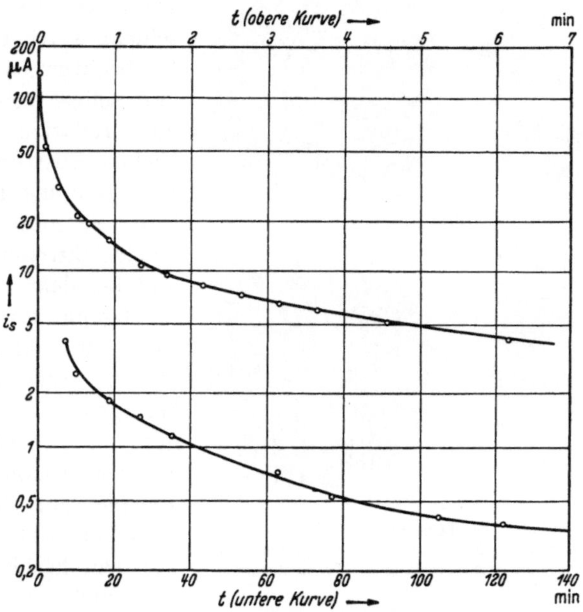

Abb. 56. Beispiel eines langsam verringernden „Feld"elektronenstromes nach MALTER.

Bei der Erklärung dieser Erscheinungen hat MALTER bemerkt, daß ein Zusammenhang bestehen kann zwischen der von ihm gefundenen Feldelektronenemission und der von GÜNTERSCHULZE* beobachteten „Spritzentladung". Diese letztere Entladungsart findet man in einer gasenthaltenden Röhre, in der die Kathode von einer dünnen Isolatorschicht überdeckt ist. Die Spritzentladung zeichnet sich vor der normalen Glimmentladung durch das Fehlen des Kathodenfallraumes aus. Offenbar treten Elektronen mit genügender Energie zur Ionisierung des Gases

damit proportional; die von MALTER meistens benutzte Dicke war 2000 ÅE. Von PIORE [160] wurde eine Schicht benutzt, bei der SiO_2 statt Al_2O_3 als Zwischenschicht verwendet wurde; auch diese Elektrode zeigte auf ähnliche Weise eine sekundäre Feldemission.

    * GÜNTERSCHULZE, A.: Z. Phys. Bd. 86 (1938) S. 778.

aus der Isolatorschicht aus. Es gibt also ein elektrisches Feld in der Isolatorschicht, das nach GÜNTERSCHULZE durch Anlagerung an die Kathode von in der Gasentladung gebildeten positiven Ionen entsteht. Bei der Feldelektronenemission wird nach MALTER ein ähnliches Feld in der Oxydschicht vorkommen, das hervorgerufen wird durch die positive Aufladung des Caesiumoxyds, das mehr Sekundärelektronen aussendet als es Primärelektronen auffängt. Die sekundäre Feldemission sollte demnach nichts anderes sein als eine künstlich hervorgerufene „kalte" Elektronenemission. Für die Anwesenheit eines elektrischen Feldes in der Oxydschicht sprechen manche Beobachtungen. Wie MALTER selbst bemerkt, hat die Relation zwischen Elektronenstrom und Absaugspannung bzw. angelegte Spannung bei der Feldelektronenemission und bei dem Elektronendurchgang durch „Thyrite" eine ähnliche Gestalt*. Auch kann man bei großer Absaugspannung und großem Feldelektronenstrom ein Funkenspiel auf dem Oxydhäutchen beobachten, das auf Durchschläge deutet, also auch auf die Anwesenheit eines elektrischen Feldes. Mit Hilfe eines speziellen für dieses Ziel konstruierten Elektronenmikroskops hat MAHL[157] die positive Aufladung quantitativ messen können. Ihre Größe ist für eine 2000 ÅE dicke Aluminiumoxydschicht je nach den Versuchsbedingungen 10—40 V. MAHL hat aus einer Messung der Energieverteilung der Feldelektronen feststellen können, daß die Feldelektronen, wenigstens zum Teil, aus der Aluminiumunterlage stammen und ohne Geschwindigkeitsverlust ins Vakuum treten, woraus zu schließen ist, daß man es tatsächlich mit einer Art kalten Emission zu tun hat.

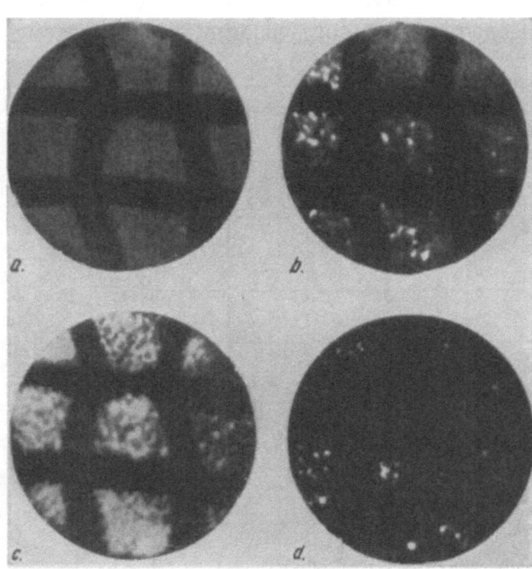

Abb. 57. Auf- und Abbau der Feldemission nach MAHL. *a* bei Beginn der Primärstrahlung; *b* 10 Sekunden später; *c* 60 Sekunden später; *d* 60 Sekunden nach Sperrung des Primärstrahles.

Schöne Ergebnisse hat man mit Hilfe des Elektronenmikroskops erhalten. KOLLER und JOHNSON[154] sowie MAHL[157, 181] haben mittels elektronenoptischer Abbildung zeigen können, daß der „MALTER-Strom" nicht von der ganzen Oberfläche emittiert wird, sondern nur von ganz

---

* Nach GÜNTERSCHULZE ist die Leitfähigkeit in „Thyrite" eine Folge der kalten Emission zwischen den Teilchen.

bestimmten Punkten. Die Intensität der einzelnen Punkte ist sehr verschieden. Sie ist auch für einen einzelnen Punkt nicht konstant, sondern ändert sich zeitlich, so daß das ganze Bild dauernd scintilliert. Dies wird z. B. sehr schön demonstriert in Abb. 57, die einer der Arbeiten von MAHL entnommen ist. In Abb. 57a, bei Beginn der Primärstrahlung, sieht man eine gleichmäßige Emission, von Sekundärelektronen herrührend. (Die schwarzen Streifen werden von einem groben Netz verursacht, das in den Primärstrahlengang eingeschaltet ist.) Kurze Zeit nach Beginn der Primärstrahlung tauchen in den sekundäremittierenden Oberflächenbereichen einzelne helle flackernde Emissionspunkte auf, die mit der Zeit an Zahl und Intensität zunehmen (Abb. 57b und c). Nach Sperrung des Primärstrahls (abklingender Strom) bleiben noch einzelne Emissionspunkte stehen (Abb. 57d).

Doch gibt es noch eine Menge Phänomene bei dem MALTER-Effekt, die nicht gedeutet sind; dies zeigt sich im besonderen bei Untersuchungen von MÜHLENPFORDT[184]. Dieser Verfasser hat den Zusammenhang zwischen der GÜNTERSCHULZschen Spritzentladung und dem MALTER-Effekt näher untersucht und hat gefunden, daß die Erscheinung des abklingenden MALTER-Stromes durch Einlassung von Edelgas in eine Spritzentladung überzuführen ist (Druck unter 10^{-5} mm Hg), und daß umgekehrt aus dieser Entladung durch Abpumpen des Gases der MALTER-Strom hervorgeht. Aus einem speziellen Versuch, bei dem keine Elektronen, sondern nur positive Ionen die Schicht [Al]—Al_2O_3—Cs_2O treffen, hat es sich herausgestellt, daß positive Gasionen imstande sind, eine abklingende Feldelektronenemission hervorzurufen. Eine zweite wichtige Entdeckung von MÜHLENPFORDT ist, daß der stetig abklingende Feldelektronenstrom bei Einlassung von Sauerstoff von etwa 10^{-5} mm Hg plötzlich um drei Größenordnungen herabsinkt, und nach Abpumpen des Sauerstoffs nicht wieder ansteigt; emissionsfähig wird die Kathode erst wieder nach Elektronenbeschießung.

Diese zweite Erscheinung (die „Entaktivierung" durch Sauerstoff) beweist, daß das Cs_2O durch Elektronenbombardement zum Teil zersetzt ist und daß das freie Caesium beim ganzen Effekt eine wesentliche Rolle spielt. Es ist möglich, daß der „MALTER-Strom" nur bestehen kann, wenn eine gewisse Quantität Gas in der Röhre anwesend ist und daß der Caesiumdampf einen beträchtlichen Teil dieses Gasrestes ausmacht. Die Richtigkeit dieser Hypothese wird durch weitere Versuche bewiesen werden müssen.

Auch neue Untersuchungen von PAETOW[235] machen es wahrscheinlich, daß Gasreste bei dem MALTER-Effekt eine wesentliche Rolle spielen. Nach diesem Verfasser sollte die MALTER-Emission eine besondere Form einer Entladungsart sein, die auftritt, wenn die Kathode mit einer Pulverschicht eines isolierenden Stoffes überdeckt ist (z. B. Al_2O_3, MgO, Glaspulver, Quartzpulver, Schwefel, Bakelit).

4*

Nach den Beobachtungen PAETOWs gibt es zwei Entladungsarten:
1. Eine Hochspannungsentladung, die einsetzt bei einigen tausend Volt und einem Druck von 10^{-3} bis 10^{-7} mm Hg. Die Entladung tritt an den Stellen der Kathode auf, wo die Schicht dünn ist. Sie ist sehr unruhig. Die Teilchen, welche die Kathode überdecken, fliegen durch den Entladungsraum und fallen, dank ihrer positiven Ladung, wieder auf die Kathode zurück und bedecken diese mit einer gleichmäßigen Schicht.

2. Eine Niederspannungsentladung; diese kann nur entstehen, wenn die Kathode mittels einer „Hochspannungsentladung" auf der oben-beschriebenen Weise präpariert worden ist. Die größte Stromdichte ist etwa 100 mA/cm². Der Entladungsstrom ist zwischen 10^{-6} und 10^{-2} mm nahezu unabhängig von der Spannung. Bei Drucken niedriger als 10^{-6} mm kann sie nicht bestehen.

Nach PAETOW ist der MALTER-Strom eine „Niederspannungsent-ladung". Dies wurde gegründet auf die Tatsache, daß die Nieder-spannungsemission ebenso wie die MALTER-Emission „Alterungserschei-nungen" zeigt. Weiter gibt es, nach Untersuchungen von MÜHLEN-PFORDT, auch bei der MALTER-Methode eine Hochspannungs- und eine Niederspannungsentladung.

§ 8. Sekundäremissionsvermögen von Verbindungen, abgeleitet von Metallen mit hohem Austrittspotential.

Das Sekundäremissionsvermögen dieser Verbindungen ist von der Größenordnung des Sekundäremissionsvermögens der Metalle, von denen die Verbindungen abgeleitet sind. Tabelle IV gibt eine Übersicht von δ_{max}, welche sich auf Schichten mit glatter zusammenhängender Ober-fläche bezieht.

Tabelle IV.

Verbindung *	δ_{max}	Beobachter
MoS$_2$ . . .	etwa 1,10	BRUINING und DE BOER[198]
MoO$_2$ . . .	1,09—1,33	AFANASJEWA und TIMOFEEW[116]
WS$_2$ . . .	0,96—1,04	BRUINING und DE BOER[198]
Cu$_2$O . . .	1,19—1,25	BRUINING und DE BOER[198]
Ag$_2$O . . .	0,90—1,18	AFANASJEWA und TIMOFEEW[116]

* Diese Verbindungen sind alle elektronische Halbleiter; die Aufladungs-erscheinungen, wie beobachtet bei den schlecht leitenden Verbindungen mit großem δ, wird man hier nicht finden. Wie bei den Metallen hat eine Schicht mit einer Oberfläche mit „Labyrinthstruktur" ein niedrigeres Sekundär-emissionsvermögen als eine Schicht mit glatter zusammenhängender Ober-fläche. Wie Herr Dr. C. F. VEENEMANS dem Verfasser freundlichst mit-teilte, zeigt eine Molybdänoxydschicht, die durch Verdampfung von Molyb-dän durch Sauerstoff erhalten wurde (labyrinthreiche Oberfläche), ein $\delta = 0,4$ bei $V_p = 150$ V, während von einer oxydierten Molybdänplatte $\delta = 1,0$ bis 1,18 ist[116] ($V_p = 150$ V).

Es zeigt sich also, daß die Metallverbindungen sich hinsichtlich der Sekundärelektronenemission in zwei Gruppen trennen lassen, nämlich in eine Gruppe, welche die Verbindungen von elektropositiven Metallen mit großem Sekundäremissionsvermögen ($\delta > 3$) enthält und eine andere Gruppe, die die Verbindungen von mehr elektronegativen Metallen mit niedrigem Sekundäremissionsvermögen ($\delta \sim 1$) umfaßt. In Kap. VII über den Mechanismus der Sekundärelektronenemission werden wir diesen Punkt näher diskutieren.

V. Der Einfluß von an der äußeren Oberfläche adsorbierten Ionen und Atomen auf die Sekundärelektronenemission.

§ 1. Einleitung.

Es ist bekannt, daß bei Metallen das Vermögen für Photoelektronenemission und thermische Elektronenemission vergrößert wird, wenn man an der Oberfläche Ionen oder Atome elektropositiver Metalle adsorbieren läßt. Durch diese Adsorption wird die Austrittsarbeit für Elektronen erniedrigt. Bei kleinem Bedeckungsgrad der Oberfläche mit adsorbiertem Material findet ausschließlich eine Adsorption von Ionen statt; die Verringerung der Austrittsarbeit ist dann der adsorbierten Ionenzahl proportional. Bei größerer Bedeckung findet auch eine Adsorption von Atomen statt, welche gleichfalls zur Erniedrigung des Austrittspotentials beitragen, jedoch in viel geringerem Maße. Wenn die Atomzahl ungefähr das Vierfache der Ionenzahl ist, so steigt das Austrittspotential wieder, bis der Wert erreicht ist, der für das Metall in kompaktem Zustand gilt.

Diesem Verlauf der Austrittsarbeit kann man folgen durch Messung der photoelektrischen und thermischen Emission. Der thermisch emittierte Elektronenstrom zeigt nämlich als Funktion des Bedeckungsgrades ein Maximum. Auch der photoelektrische Strom zeigt ein Maximum, wenn mit Licht eingestrahlt wird, das nicht von den adsorbierten Atomen (Ionen) absorbiert wird.

Bei Einstrahlung mit Licht, das dagegen von den adsorbierten Atomen absorbiert wird, werden auch Elektronen von diesen Atomen emittiert (selektiver photoelektrischer Effekt). Als Funktion des Bedeckungsgrades zeigt der Photostrom einen viel komplizierteren Verlauf; es können z. B. zwei Maxima auftreten. Das Maximum, das bei dem kleinsten Bedeckungsgrad gefunden wird, entsteht, weil bei dieser Bedeckung die Austrittsarbeit einen minimalen Wert hat; das Maximum beim größten Bedeckungsgrad gibt die günstigste Besetzung für den „selektiven" photoelektrischen Effekt*.

---

* Siehe z. B. J. H. DE BOER: Elektronenemission und Adsorptionserscheinungen, Kap. III, IV, V u. IX. Leipzig 1937.

§ 2. Lösung von Sekundärelektronen aus den adsorbierten Atomen.

Wenn das Sekundäremissionsvermögen eines Metalles gemessen wird als Funktion des Bedeckungsgrades, so kann man sich die Frage vorlegen, ob die beobachtete Änderung in der Sekundärelektronenemission von der Änderung der Austrittsarbeit herrührt oder durch Sekundärelektronenemission der adsorbierten Atome verursacht wird. In der Literatur findet man immer die Annahme, daß nur die Änderung der Austrittsarbeit das Sekundäremissionsvermögen beeinflußt, d. h., daß die aus den adsorbierten Atomen gelöste Sekundärelektronenzahl zu vernachlässigen ist. Die Richtigkeit dieser Annahme kann man prüfen, indem man die aus einer monoatomaren Schicht gelöste Sekundärelektronenzahl mit Hilfe einer von J. J. Thomson * gegebenen Formel:

$$p_i^2 = \frac{\varepsilon^4}{\varepsilon^2 \, V_p^2} \left(\frac{V_p}{V_i} - 1 \right) \tag{10}$$

abschätzt, wobei ε die Ladung des Elektrons und εV_i die Ionisationsenergie des adsorbierten Atoms darstellt; p_i ist der senkrechte Abstand vom Atom, dem die Energie εV_i übertragen wird, zu der Bahn des primären Elektrons, bevor es abgelenkt wird. Ist dieser Abstand kleiner als p_i, so führen alle Zusammenstöße zu einer Ionisation, so daß die Zahl der ionisierten Atome der Oberfläche πp_i^2 proportional ist. Wenn man z. B. als Trägermetall Molybdän nimmt mit einer monoatomären Bedeckung von $3{,}58 \times 10^{14}$ Atome/cm², so findet man die in der Tabelle V angegebenen Atomzahlen, welche von einem primären Elektron ionisiert werden können ($V_i = 5$ V).

Es zeigt sich, daß bei $V_p = 10$ und 20 V die Zahlen der in einer monoatomaren Schicht gelösten Sekundärelektronen von derselben Größenordnung sind wie die Zahl der aus dem unbedeckten Metall freigemachten Sekundärelektronen ($\delta \sim 0{,}3$); bei $V_p = 200$ V sind es jedoch nur 2 % [196].

Tabelle V.

$V_p = 10$ V	$V_p = 20$ V	$V_p = 200$ V
0,23	0,17	0,02

Im folgenden Abschnitt wird sich zeigen, daß die maximale Änderung von δ, welche man bei Adsorption von Fremdatomen beobachtet, größenordnungsmäßig 50 % ist. Hieraus kann man schließen, daß die Änderung von δ, die bei Beschießung mit Primärelektronen von einigen Hunderten e V beobachtet wird, tatsächlich zum größten Teil durch die Änderung der Austrittsarbeit verursacht wird. Bei kleineren Primärenergien jedoch wird ein beträchtlicher Teil der ausgesandten Sekundärelektronen von den adsorbierten Atomen stammen können.

Es ist auch möglich, auf experimentellem Wege festzustellen, daß bei Primärenergien von einigen Hunderten eV die Austrittsarbeit für die Größe des Sekundäremissionsvermögens maßgebend ist. Dies geht am

---

* Siehe z. B. J. Hengstenberg u. K. Wölf: Elektronenstrahlen und ihre Wechselwirkung mit Materie. Hand- und Jahrbuch der chemischen Physik, Bd. VI, 1 A, S. 78. 1935.

einfachsten, wenn man bei der Messung der Sekundäremission gleichzeitig das Austrittspotential oder eine damit parallel verlaufende Größe mißt; letztere kann z. B. die durch das sichtbare Licht einer Wolframbandlampe aufgeregte lichtelektrische Emission sein. Von MAHL[204] sowie von DE BOER und BRUINING[196] wurde gezeigt, daß die lichtelektrische Emission und das Sekundäremissionsvermögen als Funktion des Bedeckungsgrades ein Maximum aufweisen und daß die Maxima beim gleichen Bedeckungsgrade gefunden werden (Abb. 58). Das bedeutet, daß in diesen Fällen das Sekundäremissionsvermögen tatsächlich von der Änderung der Austrittsarbeit bestimmt wird.

Auch TRELOAR[163] hat Messungen ausgeführt, wobei die Austrittsarbeit mittels einer Bestimmung der Kontaktpotentialdifferenz gemessen wurde, welche besteht zwischen einem reinen Wolframfaden und dem sekundäremittierenden Metall, dessen Oberfläche mit irgendeiner Anzahl von Fremdatomen versehen war. Diese Untersuchungen scheinen jedoch in einigen Punkten nicht ganz einwandfrei zu sein. Bei der Adsorption von Barium auf Wolfram wurde gefunden, daß die Sekundäremission als Funktion des Bedeckungsgrades ein Maximum durchläuft, während anderseits die

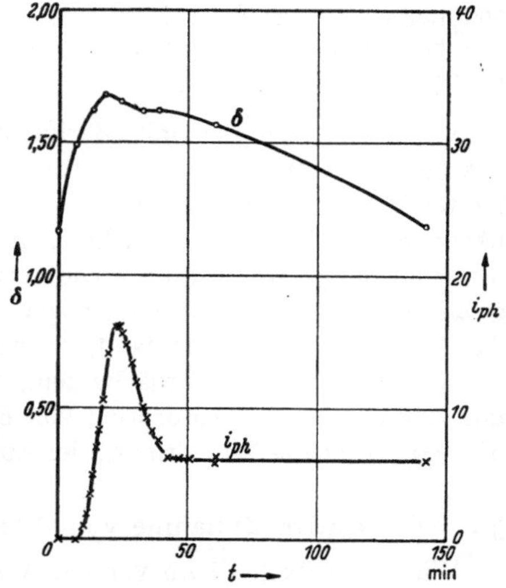

Abb. 58. Sekundäre und photoelektrische Emission von Molybdän, das allmählich von Barium bedeckt wird, als Funktion der Zeit. $V_p = 200$ V. Die photoelektrische Emission wurde mit dem kontinuierlichen Licht einer Wolframbandlampe gemessen.

Austrittsarbeit ein kaum merkbares Minimum zeigt, das viel weniger ausgesprochen ist als das von vielen anderen Verfassern bei ähnlichen Untersuchungen beobachtete. Auf den Ergebnissen dieses Experimentes beruht die Behauptung, daß die mittlere Tiefe, wo die Sekundärelektronen gelöst werden, 1,6 Atomschichten war ($V_p = 300$ V), während anderseits angenommen wird, daß die Änderung von δ nur durch die Änderung der Austrittsarbeit bestimmt wird. Wenn die Tiefe in Wirklichkeit 1,6 Atomschichten war, so müßte man sicher die Emission von Sekundärelektronen aus den adsorbierten Atomen mitberücksichtigen.

AFANASJEWA und TIMOFEEW[141] haben die Sekundärelektronenemission von mit dünnen Alkalimetallschichten überdecktem Silber, Platin und Gold gemessen. Auch diese Untersucher fanden, daß die Sekundärelektronenemission als Funktion des Bedeckungsgrades ein Maximum durchläuft; die gleichzeitig gemessene photoelektrische Emission zeigte jedoch kein Maximum, so daß es fraglich ist, ob diese Ergebnisse ganz einwandfrei sind. Es sei weiter noch verwiesen auf eine Arbeit von COOMES[199], der keinen systematischen Zusammenhang zwischen δ und Bedeckungsgrad beobachtet hat.

Auch aus dem folgenden Experiment[196] geht hervor, daß bei der Bedeckung, bei der das Austrittspotential minimal ist, praktisch keine Sekundärelektronen aus den adsorbierten Atomen befreit werden. Wenn nämlich die Oberfläche mit einer derartigen Bedeckung der Einwirkung von Sauerstoff ausgesetzt wird, so fällt das Sekundäremissionsvermögen beinahe auf den Wert des unbedeckten Metalles zurück (Tabelle VI).

Tabelle VI.

Oberfläche	δ ($V_p = 200$ V)
Molybdän	1,215
Molybdän mit Barium (Austrittspotential minimal) . . .	1,72—1,75
Letztere Oberfläche oxydiert	1,24

Wenn nun bei der mit Bariumatomen bedeckten Oberfläche die Sekundärelektronen in einer beträchtlichen Quantität von den adsorbierten Bariumatomen gelöst wurden, so müßten bei der oxydierten Oberfläche zahlreiche Sekundärelektronen von der oberflächlichen Bariumoxydschicht gelöst werden. Die oxydierte Schicht würde dann ein größeres Sekundäremissionsvermögen zeigen als das unbedeckte Molybdän. Daß man dies nicht fand, beweist, daß auch bei der von Bariumatomen überdeckten Oberfläche keine Sekundärelektronen gelöst wurden und daß der bei der Adsorption von Barium beobachtete Anstieg von δ offenbar durch die Erniedrigung des Austrittspotentials verursacht wurde.

§ 3. Die relative Zunahme von δ bei Änderung der Austrittsarbeit.

Wie aus Tabelle VI im vorigen Abschnitt ersichtlich, ist die relative Änderung der Sekundärelektronenemission viel kleiner als die Änderung der thermischen oder photoelektrischen Emission bei ähnlichen Versuchen. Dieser Unterschied wurde zuerst von SIXTUS[71] beobachtet und später gleichfalls von allen anderen Untersuchern, die sich mit diesem Problem beschäftigt haben. Abb. 59 zeigt das Sekundäremissionsvermögen von Wolfram mit verschiedenen Thoriumbedeckungen nach SIXTUS. Auch Atome, welche die Austrittsarbeit erhöhen, wie Sauerstoffatome auf Wolfram, beeinflussen das Sekundäremissionsvermögen nur in geringem Maße; dies zeigt Tabelle VII, welche der Arbeit von TRELOAR entnommen ist.

Tabelle VII. Änderung des Sekundäremissionsvermögen ($V_p = 300$ V) von Wolfram bei Adsorption von Sauerstoff nach TRELOAR[163].

δ reinen Wolframs 1,31
δ einer mit Sauerstoff überdeckter Wolframoberfläche 1,06
Änderung der Austrittsarbeit bei Adsorption von Sauerstoff . . 1,78 eV

Die beobachtete relativ kleine Änderung des Sekundäremissionsvermögens läßt sich nach SIXTUS dadurch erklären, daß die Energie der Sekundärelektronen ziemlich groß ist, z. B. viel größer als die Änderung der Austrittsarbeit. Die Energie von thermisch emittierten Elektronen ist viel kleiner als die Änderung der Austrittsarbeit, so daß die thermische

Elektronenemission viel stärker beeinflußt wird als die sekundäre Emission. Einen quantitativen Eindruck dieses Unterschiedes bekommt man, wenn man mit SIXTUS annimmt, daß die Energieverteilung der Sekundärelektronen eine MAXWELLsche ist, mit einer mittleren Energie von 10 eV*. Es läßt sich dann berechnen, daß bei einer Erniedrigung der Austrittsarbeit von 2 eV, der thermische Elektronenstrom (mittlere Energie 0,2 eV) um einen Faktor $e^{10} = 2,2 \times 10^4$ zunimmt, der Sekundärelektronenstrom jedoch nur um einen Faktor $e^{0,2} = 1,21$. Auch die durch sichtbares Licht angeregte lichtelektrische Emission zeigt eine relativ viel stärkere

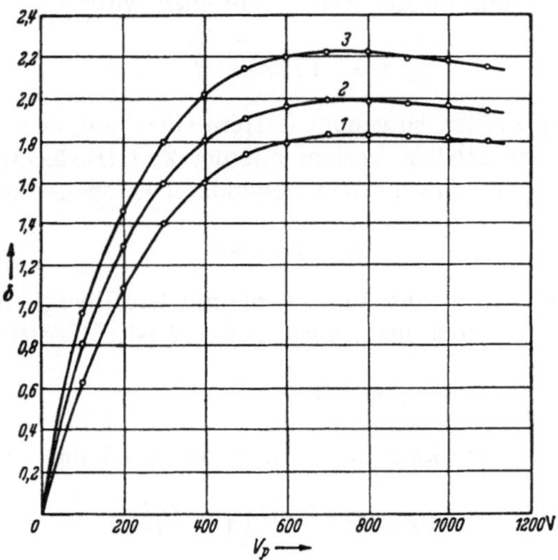

Abb. 59. Sekundäremissionsvermögen von Wolfram bei verschiedenen Bedeckungsgraden mit Thorium als Funktion von V_p. 1: $\varphi = 4{,}52$ V, 2: $\varphi = 3{,}30$ V, 3: $\varphi = 2{,}63$ V. (Nach SIXTUS.)

Steigung bei Erniedrigung des Austrittspotentials als die Sekundärelektronenemission.

§ 4. Anstieg des sekundären Elektronenstromes bei Bedeckung der Oberfläche mit Atomen eines elektropositiven Elementes.

Außer der Erscheinung, daß die lichtelektrische Emission durch die Erniedrigung der Austrittsarbeit viel stärker vergrößert wird als die Sekundärelektronenemission, zeigt Abb. 58 auch noch einen zweiten Unterschied. Bei kleinem Bedeckungsgrad wächst der lichtelektrische Strom exponentiell mit dem Bedeckungsgrad, der Sekundärelektronenstrom jedoch linear. Auch dieser Unterschied wird durch die verschiedenen Geschwindigkeiten der photoelektrisch und sekundäremittierten Elektronen verursacht, wie wir jetzt zeigen werden.

Die lichtelektrische Emission einer Metalloberfläche, die der Strahlung eines schwarzen Körpers ausgesetzt ist (in erster Näherung ist dies bei

---

* Zahlreiche Energieverteilungsmessungen stützen diese Annahme.

den hier besprochenen Versuchen der Fall) hat die Größe:

$$i_{ph} = A\,T^2\,e^{-\varepsilon\varphi/kT},$$

wo A eine Konstante, T die Temperatur des schwarzen Körpers und k die BOLTZMANN-Konstante ist. Wenn die Oberfläche von einem in der Zeit konstanten Atomstrahl getroffen wird, so ist die Änderung der Austrittsarbeit (bei kleinem Bedeckungsgrad) eine lineare Funktion der Zeit und deshalb:

$$\Delta\varphi = ct \quad (c \text{ eine Konstante}),$$

so daß i_{ph} als Funktion der Zeit geschrieben wird:

$$i_{ph}(t) = A\,T^2\,e^{-\frac{\varepsilon\,(\varphi - ct)}{kT}}. \tag{11}$$

Weil nun $kT \ll \varepsilon\,ct$ ist, so genügt letztere Gleichung dem experimentell gefundenen exponentiellen Verlauf mit der Zeit (Bedeckungsgrad).

Drückt man mit SIXTUS den Sekundärelektronenstrom mittels der Gleichung

$$\delta = P\,e^{-\varepsilon\,\varphi/\varepsilon V}$$

aus, worin P eine Konstante und εV die mittlere Energie der Sekundärelektronen ist, so findet man, wenn $\Delta\varphi = ct$ ist, für $\delta(t)$:

$$\delta(t) = P\,e^{-\frac{\varepsilon\,(\varphi - ct)}{\varepsilon V}}.$$

Weil $\varepsilon V \gg \varepsilon\varphi$ ist, kann man für diese Gleichung auch schreiben:

$$\delta(t) = P\,e^{-\frac{\varepsilon\varphi}{\varepsilon V}}\left(1 + \frac{\varepsilon\,ct}{\varepsilon V}\right); \tag{12}$$

woraus folgt, daß $\delta(t)$ eine lineare Funktion der Zeit (des Bedeckungsgrades) ist.

Es gibt auch Fälle, wo die lichtelektrische Emission eine lineare Funktion des Bedeckungsgrades ist. Dies ist der Fall, wenn eingestrahlt wird mit kurzwelligem Licht, so daß die Elektronen mit einem Energieüberschuß austreten; es wird z. B. ein linearer Anstieg bei von Natrium überdecktem Wolfram gefunden, wenn eingestrahlt wird mit Licht von einer Wellenlänge von 2537 Å*.

§ 5. Das Sekundäremissionsvermögen eines Dielektrikums, dessen Oberfläche mit Atomen eines elektropositiven Metalles überdeckt ist.

Bei der Bedeckung der Oberfläche eines Dielektrikums mit Atomen eines elektropositiven Metalles wird auch gefunden, daß die photoelektrische Emission als Funktion des Bedeckungsgrades ein Maximum zeigt. Anfangend mit einer reinen Oberfläche hat man es bei kleinem Bedeckungsgrad gewöhnlich mit einer Adsorption von einzelnen Atomen an besonderen „aktiven" Stellen an der Oberfläche zu tun. Bei steigen-

---

* DE BOER, J. H.: Elektronenemission und Adsorptionserscheinungen, S. 96. Leipzig 1937.

dem Bedeckungsgrad werden mehr Metallatome adsorbiert. Nachdem alle „aktiven" Stellen besetzt sind, bilden die adsorbierten Atome zweidimensionale Bezirke auf der Oberfläche des Dielektrikums, in welchen Bezirken schon eine Oberflächenleitfähigkeit vorhanden ist. In vielen Fällen ist im adsorbierten Zustande die Ionisationsenergie des einzelnen Atomes viel kleiner als die Austrittsarbeit des kompakten Metalles oder des zweidimensionalen Bezirkes, der bei größerem Bedeckungsgrad gebildet wird. Wegen dieses Zustandes, aber auch infolge der Tatsache, daß die Elektronenzahl, die emittiert wird, pro absorbiertes Lichtquantum für die einzelnen adsorbierten Atome viel größer ist als für die Metallteilchen, findet man, daß die photoelektrische Emission als Funktion des Bedeckungsgrades ein Maximum passiert.

Man kann sich die Frage vorlegen, ob auch das Sekundäremissionsvermögen ein Maximum als Funktion des Bedeckungsgrades zeigen wird[196]. Das ist unwahrscheinlich, weil ebenso wie bei den Metallen, die Anzahl aus den adsorbierten Atomen gelösten Sekundärelektronen zu vernachlässigen sein wird *. Experimentell wurde jedoch bei der Adsorption von Caesium an Zinksilikat auch bei der Sekundärelektronenemission ein Maximum gefunden. Wahrscheinlich entsteht das Maximum bei der Sekundärelektronenemission auf folgende Weise:

Bevor die Bedeckung mit elektropositiven Atomen stattfindet, ist das Zinksilikat schon mit „verunreinigenden" Atomen oder Molekülen überdeckt. Die erst ankommenden Alkaliatome verbinden sich dann mit diesen adsorbierten Atomen und Molekülen und bilden eine Schicht mit großem Sekundäremissionsvermögen. Wenn alle verunreinigenden Atome auf diese Weise verbraucht sind, so findet eine Adsorption von Metallatomen statt, wodurch das Sekundäremissionsvermögen wieder sinkt.

VI. Die Absorption der Sekundärelektronen.

§ 1. Einleitung.

Eine der wichtigsten Erscheinungen, die das Sekundäremissionsvermögen einer Substanz bestimmen, ist die Absorption, welcher die Sekundärelektronen unterliegen, bevor sie den Stoff verlassen. Die Tiefe unter der Oberfläche, in der die Elektronen freigemacht werden, spielt hier eine wichtige Rolle. Diese Tiefe hängt wieder vom Verhalten der Primärelektronen ab, die, nachdem sie in das Material eingedrungen sind, gestreut und gebremst werden.

Um nun die Absorption der Sekundärelektronen berechnen zu können, sollte man zuerst wissen, auf welche Weise das Primärelektron abgebremst wird, d. h. welche Funktion die Energie der Primärelektronen von der

---

* Die Richtigkeit dieser Behauptung wäre noch experimentell zu bestätigen.

abgelegten Wegstrecke ist, zweitens sollte man die Sekundärelektronenzahl kennen als Funktion der Tiefe, schließlich den Absorptionskoeffizienten der Sekundärelektronen.

Die Behandlung des Problems wird sehr durch die Tatsache erschwert, daß die Bewegungsgesetze der Primärelektronen und Sekundärelektronen nur ungenau bekannt sind. Wir wollen aber doch versuchen, eine Theorie zu entwickeln, sei es mit Hilfe klassischer Gesetze, die in dem Geschwindigkeitsbereich, den wir hier betrachten, nur angenähert gültig sind.

§ 2. Berechnung des Sekundärelektronenstromes i_s.

Wir betrachten in irgendeiner sekundäremittierenden Substanz eine Schicht mit Dicke dx auf einem Abstand x unter der Oberfläche (Abb. 60).

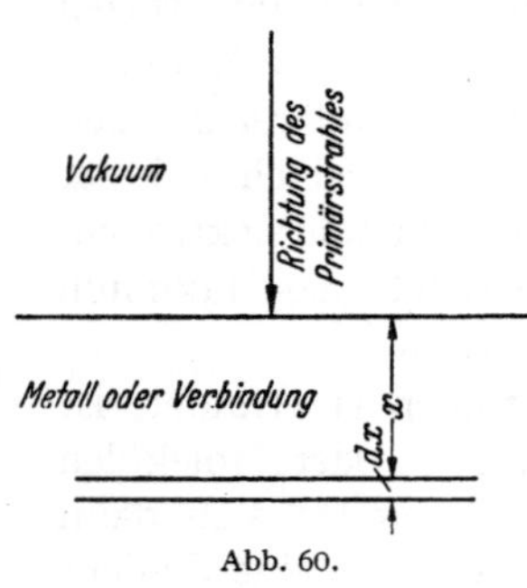

Abb. 60.

Wir nehmen an, daß innerhalb des Materials für die Primärelektronen das WHIDDINGTONsche Gesetz* gültig ist, so daß die Energie $\varepsilon V(x)$ auf einer Tiefe x berechnet werden kann aus:

$$\varepsilon^2 V(x)^2 = \varepsilon^2 V_p{}^2 - ax, \qquad (13)$$

wo a eine Konstante und εV_p die Energie der Primärelektronen beim Treffen auf die Oberfläche ist. Weiter nehmen wir an, daß die Zahl der angeregten Metallelektronen dem Energieverlust der Primärelektronen

proportional ist, also pro Längeneinheit gleich $-K \dfrac{d[\varepsilon V(x)]}{dx} i_p$**, wenn K eine Konstante und i_p den Primärstrom darstellt. Nimmt man nun für die Sekundärelektronen einen Absorptionskoeffizienten α an, so wird der aus der Schicht dx tretende sekundäre Elektronenstrom:

$$di_s = -K i_p e^{-\alpha x} \frac{d\varepsilon V(x)}{dx} dx. \qquad (14)$$

Aus (13) und (14) folgt:

$$di_s = \tfrac{1}{2} K a i_p e^{-\alpha x} (\varepsilon^2 V_p{}^2 - ax)^{-\frac{1}{2}} dx.$$

Die Reichweite $x_{\max}$ des primären Elektrons wird gefunden, wenn in (13) $\varepsilon V(x) = 0$ gestellt wird:

$$x_{\max} = \frac{\varepsilon^2 V_p{}^2}{a}.$$

---

* WHIDDINGTON, R.: Proc. roy. Soc., Lond. Bd. (A) 86 (1912) S. 360.
** Diese Annahme haben auch BHAWALKAR[142] und LUKJANOV und BERNATOVITCH[124a] gemacht. Bei der Durchführung der Rechnung hat BHAWALKAR einen Fehler gemacht, so daß wir seine Ergebnisse nicht wiedergeben werden. Auch LUKJANOV und BERNATOVITCH haben eine Reihenentwicklung durchgeführt, welche nicht gestattet war.

Somit findet man für den sekundären Elektronenstrom:

$$i_s = \tfrac{1}{2} K\, a\, i_p \int\limits_0^{\frac{\varepsilon^2 V_p^2}{a}} \left[\varepsilon^2 V_p^2 - ax\right]^{-\frac{1}{2}} e^{-\alpha x}\, dx. \tag{15}$$

(15) kann durch die Substitution $x = \dfrac{\varepsilon^2 V_p^2 - \dfrac{a}{\alpha} y^2}{a}$ übergeführt werden in:

$$i_s = K\, i_p \sqrt{\frac{a}{\alpha}}\, e^{-r^2} \int\limits_0^r e^{y^2}\, dy, \tag{16}$$

wobei $r = \varepsilon V_p \sqrt{\dfrac{\alpha}{a}}$ ist.

Den Ausdruck (16) wollen wir näher untersuchen. Wir sehen, daß das Sekundäremissionsvermögen i_s/i_p außer durch εV_p auch durch K und durch den Quotient a/α bestimmt wird. Der Faktor K ist ein Maß für das Rendement des primären Elektrons, d. h. er gibt den Bruchteil des totalen Energieverlustes des primären Elektrons an, der den austretenden sekundären Elektronen übertragen wird. Die Größe K wollen wir in diesem Kapitel nicht diskutieren. Wir werden uns jetzt die Konstanten α und a ansehen*.

§ 3. Besprechung der Konstanten a und α.

Die Konstante a. Die Konstante a ist vielfach Gegenstand ausführlicher Untersuchungen gewesen. Die Messung geschieht gewöhnlich in der Weise, daß ein homogenes Elektronenbündel eine Folie trifft und das austretende Bündel mittels eines Magnetfeldes analysiert wird. Es zeigt sich, daß das austretende Bündel Elektronen allerhand Geschwindigkeiten enthält; zwischen der Auftreffenergie und der Energie, die unter den die Folie verlassenden Elektronen vorkommt, besteht die Beziehung (13). Die von verschiedenen Verfassern angegebenen Werte von a stimmen nicht gut überein. Regelmäßig wird jedoch gefunden, daß die Konstante a der Dichte der untersuchten Substanz proportional ist.

Von TERRILL** wurden die Werte von a und a/ϱ (ϱ ist die Dichte), wie angegeben in der Tabelle VIII, gefunden. Die Primärenergie variierte zwischen 25 und 50 ekV.

---

* Von HAGEN [201] sind Rechnungen hinsichtlich des gleichen Gegenstandes durchgeführt worden, wobei er annahm:

1. daß die in der Materie zurückgelegte Wegstrecke der Beschleunigungsspannung proportional ist,

2. daß die Anzahl auf der Wegeinheit gelöster Sekundärelektronen konstant ist.

Diese Annahmen sind ganz anders als diejenigen, auf die unsere Rechnungen gegründet sind. Aus physikalischen Gründen sind sie nicht richtig. Vgl. die Bemerkung bei den MÜLLERschen Experimenten, die auf S. 69 beschrieben worden sind.

** TERRILL, H. M.: Phys. Rev. Bd. 22 (1922) S. 161.

Die Konstante a. Hinsichtlich der Konstante α, welche nicht genau bekannt ist, kann gesagt werden, daß sie von der Größenordnung 10^6 bis 10^7 cm^{-1} ist. Die Experimente, aus denen diese Konstante bestimmt worden ist, sind zu wenig zahlreich, um die Absorptionskoeffizienten verschiedener Metalle für langsame Elektronen miteinander vergleichen zu können. Es ist nicht wahrscheinlich, daß α, ebenso wie a, der Dichte des untersuchten Materials proportional ist. Es ist viel wahrscheinlicher, daß α durch die Konfiguration der äußeren Elektronenschalen bestimmt wird, ebenso wie für den Wirkungsquerschnitt freier Atome für langsame Elektronen der Aufbau der äußeren Elektronenhülle maßgebend ist*.

Tabelle VIII.

Metall	$a \cdot 10^{-12}$ volts^2 cm^{-1}	$a/\varrho \cdot 10^{-12}$
Be . . .	0,75	0,39
Al . . .	1,1	0,41
Cu . . .	3,6	0,40
Ag . . .	4,2	0,40
Au . . .	8,9	0,46

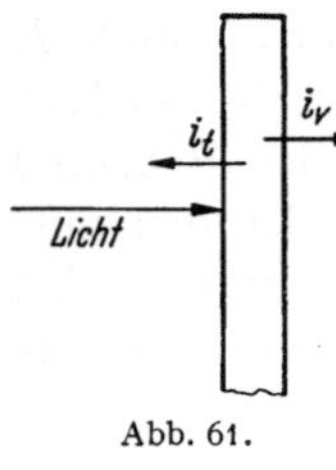

Abb. 61.

Der ältere Wert für α stammt von PARTSCH und HALLWACHS**; dieser ist eigentlich gültig für photoelektrisch ausgelöste Elektronen, deren Energie von derselben Größenordnung wie die Energie der Sekundärelektronen ist. Von PARTSCH und HALLWACHS wurde eine Goldfolie einseitig mit Licht bestrahlt; aus beiden Seiten tritt ein Elektronenstrom. Ist i_t die Elektronenzahl, die aus der Fläche tritt, die vom Licht bestrahlt wird, und ist i_v die Elektronenzahl, die die gegenüberliegende Fläche verläßt (Abb. 61), so gibt es das Verhältnis:

$$\frac{i_t}{i_v} = \frac{\alpha - h}{\alpha + h} \frac{1}{e^{-hl} - e^{-\alpha l}},$$

wo α der Absorptionskoeffizient der Photoelektronen, h der Absorptionskoeffizient des Lichtes $(0,59 \times 10^6$ cm$^{-1})$ und l die Dicke der Folie ist. Es folgt hieraus für Gold $\alpha \sim 10^6$ cm^{-1}.

Eine mehr direkte Methode zur Bestimmung von α ist die Messung der Durchlässigkeit von dünnen Folien für langsame Elektronen. Es ist jedoch fraglich, ob diese Methode genauer ist, weil die Folien sehr dünn sein müssen, damit die durchgelassenen Ströme genügend groß sind. Es besteht die Gefahr, daß die Folien Löcher enthalten, welche eine zu starke Durchlässigkeit vortäuschen könnten. Die Meßresultate, die man auf diesem Gebiete in der Literatur findet, zeigen noch große Unterschiede.

Mittels der soeben genannten direkten Methode hat BECKER*** bei Nickel für Elektronen mit einer Energie von etwa 10 eV $\alpha = 1,5 \times 10^6$ cm^{-1} gefunden.

---

* HENSTENBERG, J. u. K. WOLF: Elektronenstrahlen und ihre Wechselwirkung mit Materie. Hand- und Jahrbuch der chemischen Physik, Bd. VI, 1 A. 1935. S. 137.
** PARTSCH, A. u. W. HALLWACHS: Ann. Phys., Lpz. Bd. 41 (1913) S. 247.
*** BECKER, A.: Ann. Phys., Lpz. Bd. 2 (1929) S. 249.

Ausführliche Untersuchungen stammen von KATZ[173], der speziell im Zusammenhang mit der Sekundäremission die Absorption langsamer Elektronen bestimmt hat. KATZ hat gefunden, daß mit Hilfe von Elektronen, deren Energie von der Größenordnung 1 eV ist, ein Drahtnetz

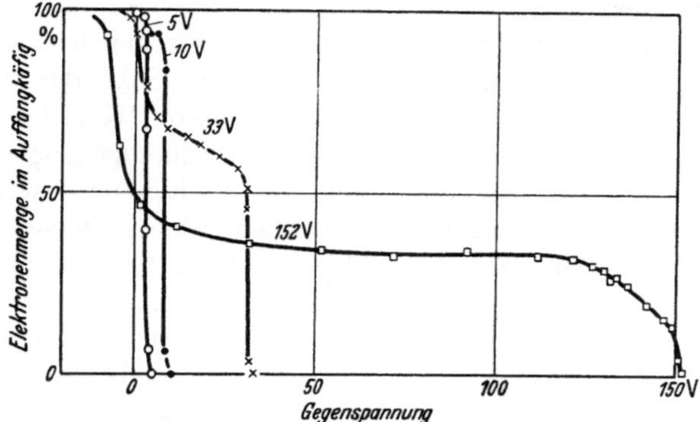

Abb. 62. Energieverteilung der aus einer dünnen Folie tretenden Elektronen. (Nach KATZ.)

elektronenoptisch abgebildet werden kann, wenn diese Elektronen durch eine chemisch hergestellte Silberfolie gegangen sind. Dies bedeutet, daß langsame Elektronen in beträchtlichem Maße eine Folie ohne Richtungsänderung durchsetzen können. Diese unerwartet hohe Durchlässigkeit der Folie für langsame Elektronen kann nach KATZ nicht der Anwesenheit kleiner Löcher zugeschrieben werden. Das folgt aus einer zweiten Reihe von Untersuchungen. Bei diesen Untersuchungen hat KATZ die Durchlässigkeit auch quantitativ gemessen und die Energieverteilung der durchgegangenen Elektronen bestimmt.

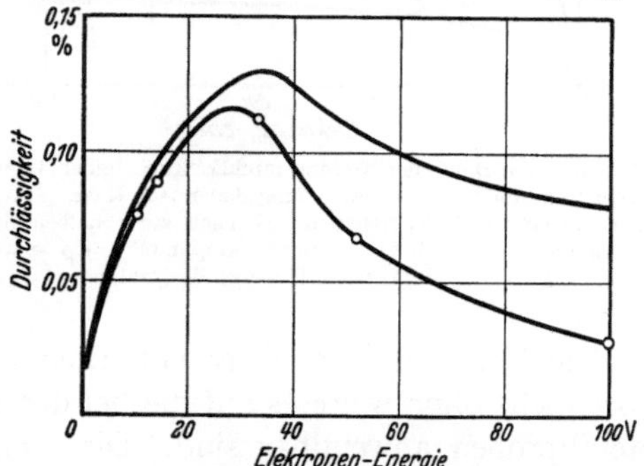

Abb. 63. Gesamtdurchlässigkeit und freie Durchlässigkeit (Kurve mit Meßpunkten) einer Folie. (Nach KATZ.)

Ein Beispiel dieser Energieverteilung wird gezeigt in Abb. 62, die als Funktion der Gegenspannung den Bruchteil der durchgelassenen Elektronen gibt, der das Gegenfeld durchlaufen kann. Bei kleinen Elektronengeschwindigkeiten haben alle Elektronen nach dem Durchsetzen der Folie noch die Geschwindigkeit, mit der sie auf die Folie aufgetroffen sind. Bei höheren Geschwindigkeiten kann man die austretenden Elektronen in zwei Gruppen unterteilen: eine Gruppe mit sehr kleinen Geschwindigkeiten und eine zweite Gruppe, deren Energie gleich der Auftreffenergie ist.

Der Bruchteil der Elektronen, der ohne Geschwindigkeits- und Richtungsänderung die Folie durchsetzt (von KATZ mit „freier" Durchlässigkeit bezeichnet) (Abb. 63), zeigt nun als Funktion der Auftreffenergie ein Maximum. Das bedeutet nach KATZ, daß eventuell vorhandene Löcher keine wesentliche Rolle spielen; wenn nämlich Löcher als Ursache der Durchlässigkeit angenommen werden, so müßte man eine freie Durchlässigkeit finden, die unabhängig wäre von der Geschwindigkeit* der auffallenden Elektronen.

Die langsame Gruppe durchgegangener Elektronen betrachtet KATZ als Sekundärelektronen; man hat hier also „eine Sekundärstrahlung an der Austrittsseite" in der LENARDschen Redensart (Kap. I).

Die Summe von langsamen und schnellen „durchgegangenen" Elektronen gibt die „Gesamtdurchlässigkeit" der Folie. Diese Gesamtdurchlässigkeit kann von der Größenordnung 10% werden, ist jedoch sehr stark von der Vorbehandlung der Folie abhängig. KATZ hat öfters beobachtet, daß eine Folie, die zuerst überhaupt keine merkbare Durchlässigkeit aufweist, durch Bestrahlung mit Elektronen eine viel größere Durchlässigkeit bekommt (Abbildung 64). Hieraus schließt KATZ, daß die Absorption der langsamen Elektronen nicht nur durch das Atom selbst, sondern auch durch die Gruppierung der Atome zueinander bestimmt wird**.

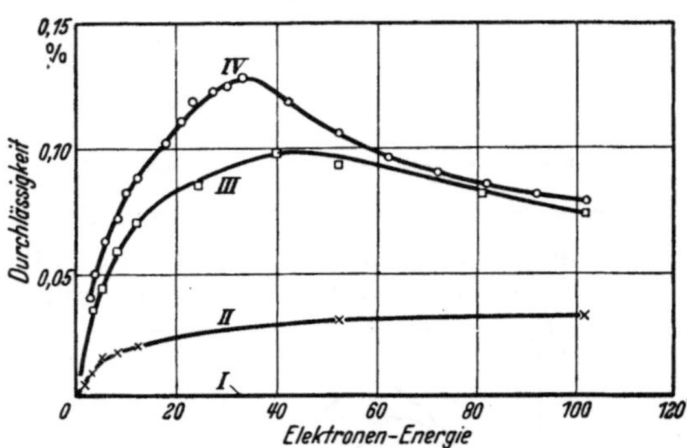

Abb. 64. Zunahme der Gesamtdurchlässigkeit einer 1500 ÅE. dicken Silberfolie mit der Bestrahlungsdauer nach KATZ. *I* Anfang: Keine merkbare Durchlässigkeit; *II* nach einer halben Stunde Bestrahlung (Stromdichte 2×10^{-5} Amp./mm², $Vp = 300$ V); *III* und *IV* nach längerer Bestrahlung

Die Versuche von KATZ enthalten zahlreiche schöne Angaben, die aber nicht ohne weiteres auf die bei der Sekundäremission untersuchten Metallproben anwendbar sind. Die Experimente weisen aus, daß die Struktur der Folie bei Elektronenbeschießung eine wesentliche Änderung untergeht, so daß es fraglich ist, ob die bei den Sekundäremissionsversuchen gebrauchten Metallplatten und die Folien eine ähnliche Struktur haben. Eine Elektroneninterferenzaufnahme hätte hier ausmachen können, inwieweit die beiden Strukturen übereinstimmen. Auch die Schlußfolgerung von KATZ, daß das Maximum in der Sekundäremissions-

---

* Bei der Anwesenheit von Löchern kann man die von KATZ benutzte Apparatur als eine Art Triode auffassen, wo die Folie das Gitter bildet und der Auffangkäfig die Anode. Bei der Besprechung der Triode in Kap. II haben wir auch schon gesehen, daß die Verteilung der von der Kathode ausgesandten Elektronen über Gitter und Anode fast unabhängig von den Gitter- und Anodenspannungen ist.

** Auch aus Versuchen von GOCKE und WILMAN [Proc. phys. Soc., Lond. Bd. 51 (1939) S. 625] folgt, daß in einer dünnen Folie eine Rekristallisation leicht stattfinden kann.

ausbeutekurve verursacht wird durch die Tatsache, daß die freie Durchlässigkeit als Funktion der Energie der Auftreffelektronen ein Minimum *** zeigt (die Primärelektronen sollten bei einer bestimmten Energie am wenigsten eindringen, und die Sekundärelektronen bei dieser Energie auf geringer Tiefe gelöst werden), scheint deshalb nicht gerechtfertigt. Dieses Maximum in der Sekundäremissionsausbeutekurve kann man zwanglos erklären, indem man die Formel (16) näher untersucht.

§ 4. Das Maximum in der Kurve δ als Funktion von V_p.

Wir werden jetzt untersuchen, inwieweit unsere Betrachtungen in den §§ 1 und 2 richtig gewesen sind, und aus (16) den Wert von V_p berechnen, wobei δ maximal ist.

Differentiation von (16) nach εV_p liefert

$$\frac{di_s}{d(\varepsilon V_p)} = K\, i_p \left(1 - 2\,r\,e^{-r^2} \int_0^r e^{y^2}\, dy \right). \tag{17}$$

$\dfrac{di_s}{d(\varepsilon V_p)}$ wird gleich Null, wenn $r = \varepsilon V_p \sqrt{\alpha/a} = 0{,}92$ *.

Als Beispiel nehmen wir Nickel, weil hier die Daten für a und α am genauesten bekannt sind ($a = 3{,}5 \times 10^{12}$ V^2 cm^{-1}, $\alpha = 1{,}5 \times 10^6$ cm^{-1}); man findet dann für εV_p, wobei δ maximal ist **, 1420 eV. Die Größenordnung ist richtig, der wirkliche Wert ist aber niedriger, vermutlich weil a und im besonderen α nur ungenau bekannt sind.

Man kann auch umgekehrt, indem man εV_p und a bekannt annimmt, α berechnen; die so gefundenen Werte von α sind in der Tabelle IX gegeben.

Die Werte von a sind von dem TERRILLschen Wert für a/ϱ, den wir hier gleich 0,40 genommen haben, abgeleitet worden. Die Werte von α

Tabelle IX.

Metall	$V_{p\,\max}$ (V)	$a \cdot 10^{-12}$ V^2 cm^{-1}	α cm^{-1}
Li . . .	90	0,21	$2\ \ \times 10^7$
Cs . .	400	0,75	$0{,}4\ \times 10^7$
Ba . .	400	1,50	$0{,}8\ \times 10^7$
Ni . .	500	3,5	$1{,}2\ \times 10^7$
Mo . .	400	4,1	$2{,}1\ \times 10^7$
W . .	700	7,5	$1{,}3\ \times 10^7$
Cu . .	600	3,6	$0{,}85 \times 10^7$

zeigen viel kleinere Fluktuationen als die Werte von a, wenn man α in cm^{-1} ausdrückt. Während a der Dichte proportional ist, kann eine Proportionalität mit der Dichte bei α nicht beobachtet werden. Die mittels Rechnung gefundenen Werte für α sind größer als die experimentell bestimmten Werte (siehe § 3).

---

* Ähnliche Rechnungen, die zum gleichen Ergebnis führten, wurden inzwischen von SALOW[219a] durchgeführt.

** Wir wollen diesen Wert von εV_p kurz $\varepsilon V_{p\,\max}$ nennen.

*** Dieses Minimum ist nicht angegeben in den Abb. 63 und 64. Es wird bei einer Energie von einigen hunderten eV gefunden.

§ 5. Verlauf von δ bei niedrigem und großem V_p.

Für große V_p vereinfacht der Ausdruck (16) für i_s sich zu*:

$$i_s = K\, i_p \sqrt{\frac{a}{\alpha}}\; e^{-r^2} \frac{e\, r^2}{2\, r} = K\, i_p \frac{a}{2\, \alpha\, \varepsilon\, V_p} \,. \tag{18}$$

Wir werden jetzt das δ von Metallen mit auseinanderlaufender Dichte bei großem V_p miteinander vergleichen. Dazu stehen Messungen von Schonland[35] zur Verfügung, der das Sekundäremissionsvermögen einiger Metalle bei $V_p = 18$ kV gemessen hat. Tabelle X gibt eine Übersicht.

Tabelle X.

Metall	δ	Dichte
Au . . .	0,20	19,3
Ag . . .	0,19	10,5
Cu . . .	0,10	8,9
Al . . .	0,05	2,7

Es zeigt sich, daß bei großem V_p das Sekundäremissionsvermögen mit der Dichte steigt. δ ist nicht genau der Dichte proportional**; dies kann dadurch verursacht werden, daß die in der Tabelle genannten Metalle nicht alle eine gleiche K und α haben. Die Tabelle beweist jedoch, daß das Sekundäremissionsvermögen von Metallen bei Beschießung mit schnellen

---

* Für das in (16) vorkommende Integral $\int\limits_0^r e^{y^2} dy$ schreibt man

$$\int\limits_0^r e^{y^2}\, dy = \int\limits_0^q e^{y^2}\, dy + \int\limits_q^r e^{y^2}\, dy \,.$$

Die Richtigkeit der Gleichung (18) kann man nun beweisen, indem man das Integral $\int\limits_q^r e^{y^2} dy$ mittels partieller Integration in einer Reihe entwickelt:

$$\int\limits_q^r e^{y^2}\, dy = \int\limits_q^r \frac{d\,(e^{y^2})}{2\,y} = \frac{e\,r^2}{2\,r} - \frac{e\,q^2}{2\,q} + \int\limits_q^r \frac{e^{y^2}}{2\,y^2}\, dy = \frac{e\,r^2}{2\,r} - \frac{e\,r^2}{2\,q} + \int\limits_q^r \frac{d\,(e^{y^2})}{4\,y^3} =$$

$$= \frac{e\,r^2}{2\,r} - \frac{e\,q^2}{2\,q} + \frac{e\,r^2}{4\,r^3} - \frac{e\,q^2}{4\,q^3} + 3 \int\limits_q^r \frac{d\,(e^{y^2})}{4\,y^4} \,, \quad \text{usw.}$$

Mittels einer numerischen Berechnung läßt es sich leicht zeigen, daß man bei $r = 5$ einen Fehler von nur 2% macht, wenn die Reihe nach dem ersten Term abgebrochen wird, d. h. $\int\limits_0^r e^{y^2} dy$ gleich $e^{r^2}/2r$ gestellt wird: man sehe Jahnke-Emde: Funktionen, Tafeln und Tabellen, S. 32. Leipzig 1938.

** Über das Sekundäremissionsvermögen von Metallen bei Beschießung mit schnellen Elektronen, im besonderen hinsichtlich der Energieverteilung, ist nur wenig bekannt. Diese Verteilung ist nämlich nicht in dem Energiebereich, in dem die echten Sekundärelektronen vorkommen, gemessen worden. Wir wissen daher nicht, wie groß die Anzahl echter Sekundärelektronen gegenüber der totalen Zahl ist. Aus Messungen von Wagner[78a] hat es sich herausgestellt, daß die Verteilung bei einer Energie, die 90% der Energie der Primärelektronen ist, ein Maximum zeigt. Elektronen mit dieser Energie sind natürlich keine Sekundärelektronen in unserem Sinne, vielmehr aber unelastisch gestreute Primärelektronen oder „rückdiffundierte" Elektronen.

Elektronen zum größten Teil durch die Dichte, d. h. durch die Eindringtiefe der Primärelektronen bestimmt wird*.

Die Frage liegt nahe, wie sich die Metalle bei Beschießung mit langsamen Elektronen verhalten; in diesem Fall ist die Eindringtiefe der Primärelektronen viel kleiner und nur der Faktor K wird eine Rolle spielen. Dieses zeigt auch der Ausdruck (16), der sich für niedrige V_p, d. h. kleine r, vereinfacht zu:

$$i_s = K\, i_p\, \varepsilon\, V_p. \qquad (20)$$

Aus (20) geht hervor, daß i_s nicht von α und a abhängt, was man auch erwarten würde.

Bei Beschießung mit langsamen Elektronen stellt sich heraus, daß die Metalle mit niedrigem Austrittspotential, d. h. die Metalle mit kleiner Dichte, ein größeres Sekundäremissionsvermögen als die Metalle mit großer Dichte (hohem Austrittspotential) haben; siehe die Abb. 65, wo das Sekundäremissionsvermögen von Barium und Silber dargestellt ist[165b].

Es zeigt sich also, daß die in Kap. III, § 4 erwähnte, unerklärte Erscheinung, daß die elektropositiven Metalle ein kleineres Sekundäremissionsvermögen als die Metalle mit hohem Austrittspotential haben, auf die Tatsache zurückzuführen ist, daß die

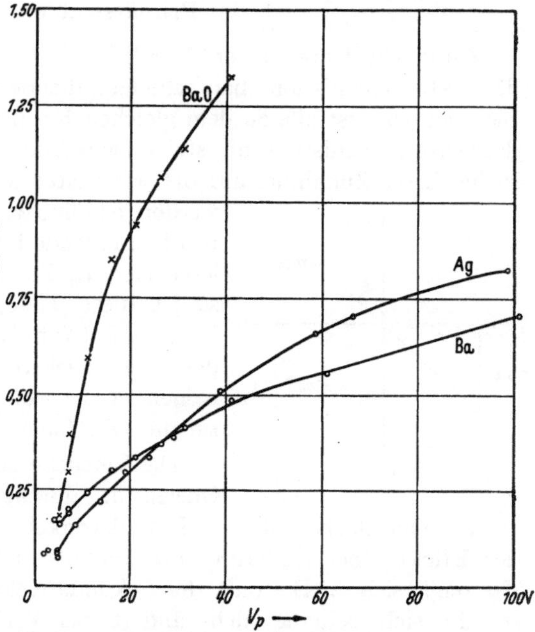

Abb. 65. Sekundäremissionsvermögen von Silber, Barium und Bariumoxyd bei Beschießung mit langsamen Elektronen.

---

* Es sei hier auch auf Untersuchungen von COPELAND[83] und WARNECKE[133] verwiesen. Diese Verfasser haben für alle Elemente, deren Sekundäremissionsvermögen bekannt ist, den Quotient

$$\frac{\delta_{\max} - \delta_{(\max + 1000\,\mathrm{V})}}{\delta_{\max}}$$

berechnet ($\delta_{\max}$ = maximales Sekundäremissionsvermögen, $\delta_{(\max + 1000\,\mathrm{V})}$ = Sekundäremissionsvermögen für $V_p = V_{p\,\max} + 1000$ V). Dieser Quotient gibt den relativen Abfall des Sekundäremissionsvermögens, wenn $V_p > V_{p\,\max}$. Es stellt sich heraus, daß die Kurven der Elemente mit der niedrigsten Atomnummer, d. h. im allgemeinen die Elemente mit der kleinsten Dichte, den stärksten Abfall zeigen, letzteres in Übereinstimmung mit dem SCHONLANDschen Ergebnis, nach dem die Elemente mit der kleinsten Dichte den kleinsten Faktor δ haben.

große Eindringtiefe der Primärelektronen und die hierdurch verursachte starke Absorption der Sekundärelektronen die Anzahl der austretenden Sekundärelektronen stark herabsetzt*. *Ohne* Absorption ist das Sekundäremissionsvermögen der elektropositiven Metalle größer.

§ 6. Sekundäremissionsvermögen von Metallen bei schiefeinfallenden Primärstrahlen.

Zahlreiche Untersucher [117, 26, 39, 165a, 124a, 180, 158, 46, 25] haben die Sekundärelektronenemission bei schiefeinfallenden Primärstahlen bestimmt. Sie kommen fast alle zu dem gleichen Resultat, nämlich daß die Sekundärelektronenemission mit steigendem Einfallswinkel steigt**. Die Ursache dieser Zunahme, auf die wir weiter unten ausführlicher eingehen werden, ist ohne weiteres deutlich. Wenn senkrecht einfallende Primärstrahlen auf einer mittleren Tiefe x_m die Sekundärelektronen auslösen, so ist diese Tiefe, bei einem Einfallswinkel ϑ, $x_m \cos \vartheta$ (Abb. 66). Die bei schiefeinfallenden Primärelektronen gelösten Sekundärelektronen werden daher weniger absorbiert, bevor sie die Oberfläche erreicht haben.

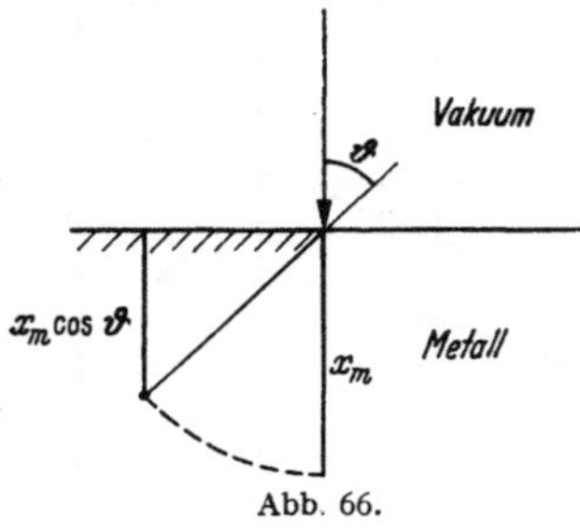

Abb. 66.

Die Versuche sollen an Proben mit glatter Oberfläche durchgeführt werden. Bei unebener Oberfläche ist der Einfallswinkel nicht genau definiert und der Effekt einer Änderung des Einfallswinkels wird stark verringert. Es zeigt sich z. B., daß die Sekundärelektronenemission einer Rußschicht sich beinahe nicht ändert bei Vergrößerung des Einfallswinkels, daß aber die Sekundärelektronenemission einer glatten Nickelkarbidschicht eine deutliche Zunahme mit wachsendem Einfallswinkel zeigt[117] (Abb. 67).

Abb. 68 zeigt nun das Sekundäremissionsvermögen verschiedener Metalle als Funktion des Einfallswinkels nach Müller[158]. Zur Deutung seiner Meßergebnisse nimmt Müller an, daß die Sekundärelektronen aus einer oberflächlichen Schicht mit Dicke b ungehindert austreten

---

* Die Metall*verbindungen* können hier nicht mit den Metallen verglichen werden. Der Faktor δ ist für die Verbindungen der elektropositiven Metalle bei jeder V_p größer als für die Metalle (Abb. 65), d. h., daß der „Rendements"-Faktor K für die Verbindungen viel größer ist. Die Ursache des großen Sekundäremissionsvermögens der Verbindungen werden wir im nächsten Kapitel besprechen.

** Nur Tingwaldt[46] hat keine Zunahme von δ mit steigendem Einfallswinkel gefunden, was vermutlich einer falschen Meßtechnik zugeschrieben werden muß. Auch Tate[25] hat bei Platin keinen Einfluß finden können. Letzteres ist eine Folge der großen Dichte des Platins (siehe § 7, dieses Kapitel) und der niedrigen Primärenergie, mit der Tate seine Messungen durchgeführt hat (100 eV).

können, daß aber die Sekundärelektronen aus tieferen Schichten die Oberfläche nicht mehr erreichen können*.

Ein Primärelektron, das mit dem Einfallswinkel ϑ auf die Oberfläche geschossen wird, wird in der oberflächlichen Schicht eine Wegstrecke $b/\cos\vartheta$ zurücklegen. Weiter nimmt MÜLLER an, daß die ausgelöste

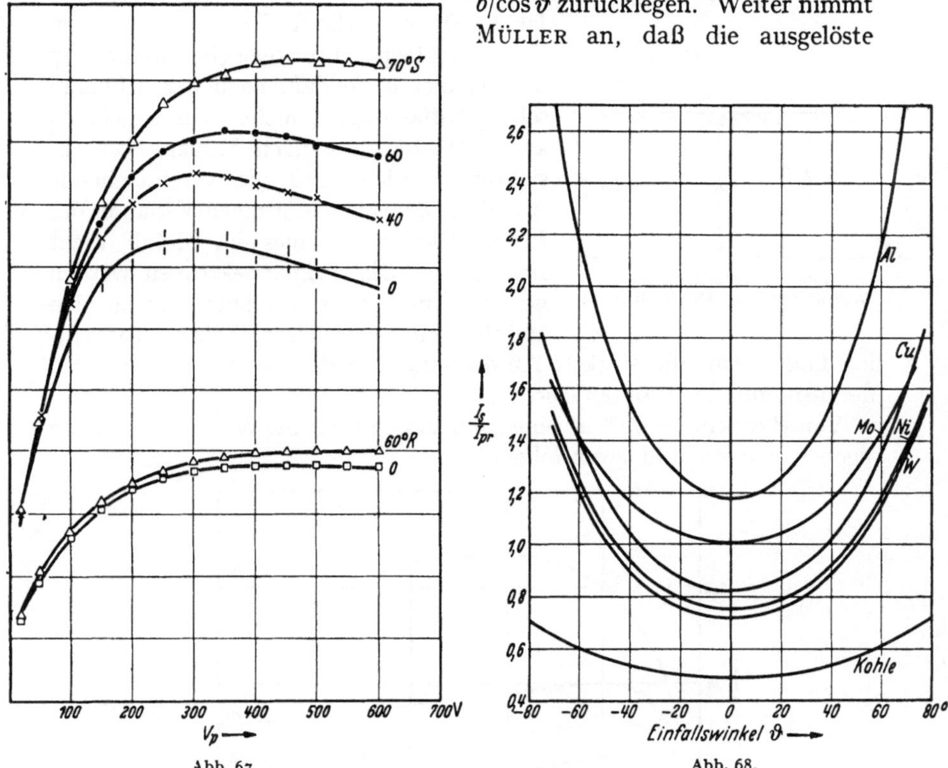

Abb. 67.　　　　　　　　　　Abb. 68.

Abb. 67. Sekundäremissionsvermögen einer rauhen und glatten Schicht bei verschiedenen Einfallswinkeln der Primärstrahlen. Kurven S für eine Nickelkarbidschicht (glatt); Kurven R für eine Rußschicht (rauh).

Abb. 68. Sekundäremissionsvermögen verschiedener Metalle als Funktion des Einfallswinkels nach MÜLLER $(V_p = 2500\ \text{V})$.

Anzahl Sekundärelektronen der vom primären Elektron zurückgelegten Wegstrecke proportional ist. Der austretende Sekundärelektronenstrom wird also:

$$i_s = \frac{c\,b}{\cos\vartheta}, \tag{21}$$

wobei c eine Konstante ist**.

---

　* Die Überlegungen von MÜLLER weichen also von den in § 1 und § 2 gegebenen Betrachtungen ab, bei denen ein exponentielles Absorptionsgesetz angenommen wurde.

　** Die Annahme, daß i_s mit b proportional ist [Gleichung (21)] ist nicht mit der Erfahrung, daß δ als Funktion V_p ein Maximum zeigt, in Übereinstimmung zu bringen. Letzteres kann nur entstehen, wenn mit wachsendem V_p die pro Wegeinheit gelöste Sekundärelektronenzahl sinkt.

Aus verschiedenen Gründen weicht aber der wahre Verlauf von der MÜLLERschen Beziehung (21) ab. Die Kosinusbeziehung (Abb. 69) gilt nämlich nur, wenn der Einfallswinkel ϑ einen Winkel $\vartheta_g = \text{arc cos}\,\dfrac{b}{x_{\max}}$ nicht übersteigt ($x_{\max}$ ist die normale Reichweite des Primärelektrons).

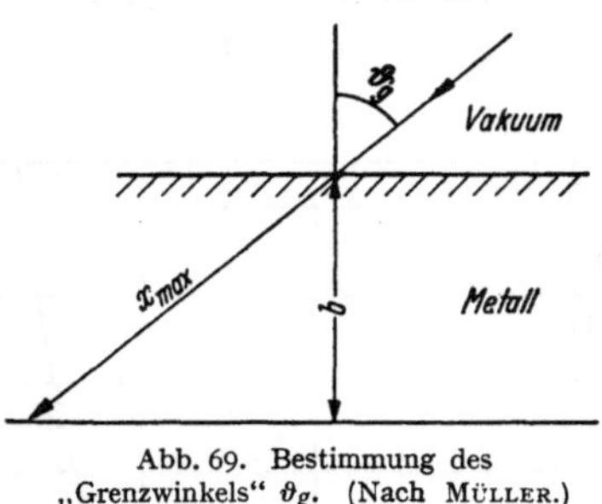

Abb. 69. Bestimmung des „Grenzwinkels" ϑ_g. (Nach MÜLLER.)

Ist $\vartheta > \vartheta_g$, so verläuft die ganze von dem Primärelektron zurückgelegte Strecke in dem Gebiet b, so daß, nach der MÜLLERschen Auffassung, i_s nicht mehr zunehmen kann. Weiter muß nach MÜLLER berücksichtigt werden, daß die vereinfachende Annahme eines fadenförmigen Verlaufes des Primärelektronenstrahles im Metall nicht richtig ist. Die Primärelektronen werden gestreut, und zwar am stärksten in den Metallen mit der größten Dichte. Tatsächlich findet man die stärkste Abweichung von der Formel (21) bei den Metallen mit der größten Dichte.

Von BRUINING [117, 165a] ist eine ganz andere Deutung der Meßergebnisse gegeben worden und zwar folgende:

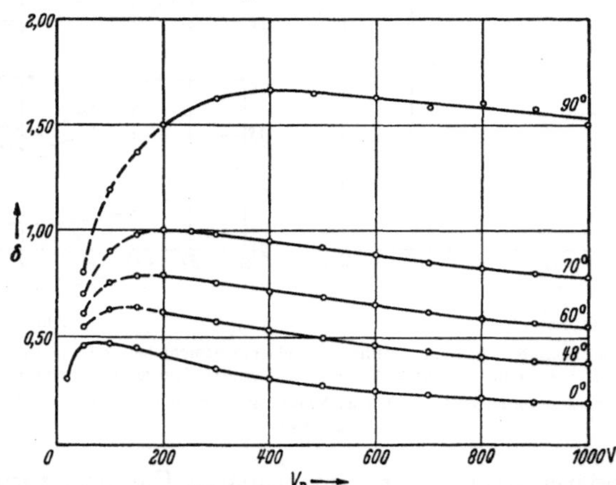

Abb. 70. Sekundäremissionsvermögen von Lithium bei verschiedenen Einfallswinkeln. (Nach BRUINING [165a].)

Ist $\varDelta$ die Zahl der Sekundärelektronen, die im Metall von einem Primärelektron gelöst werden, x_m die mittlere Tiefe unter der Oberfläche, auf der sie gelöst werden, und δ_0 und δ_ϑ das Sekundäremissionsvermögen bei einem Einfallswinkel 0 bzw. ϑ, so kann man schreiben:

$$\delta_0 = \varDelta\,e^{-\alpha\,x_m},$$
$$\delta_\vartheta = \varDelta\,e^{-\alpha\,x_m\cos\vartheta},$$

woraus folgt:

$$\alpha\,x_m = \frac{\ln\dfrac{\delta_\vartheta}{\delta_0}}{1-\cos\vartheta}\,. \tag{22}$$

Für die Richtigkeit der Annahme spricht, daß dies mit Hilfe der experimentellen Werte von δ_ϑ und δ_0 aus (22) gefundenen Werte für $\alpha\,x_m$ nahezu unabhängig von ϑ sind. Es ist möglich, eine Schätzung von x_m zu machen, wenn man α kennt. So wurde z. B. für Nickel $\alpha\,x_m \sim 0{,}5$ gefunden bei $V_p = 500$ V; mit dem BECKER-schen Wert von $\alpha = 1{,}5 \times 10^6\,\mathrm{cm}^{-1}$ findet man für $x_m : 30$ ÅE.

Auch kann man mit Hilfe der experimentell gewonnenen Ergebnisse und Formel (22) versuchen, δ_{90} zu bestimmen; δ_{90} ist das Sekundäremissionsvermögen, das man finden würde, falls der Primärstrahl der sekundäremittierenden Oberfläche parallel „einfällt". Die Absorptionserscheinungen sind dann eliminiert und man würde erwarten, daß δ_{90} als Funktion von V_p kein Maximum zeigt. Ein Experiment, das mit einer Aufdampfschicht von Lithium durchgeführt wurde, zeigt

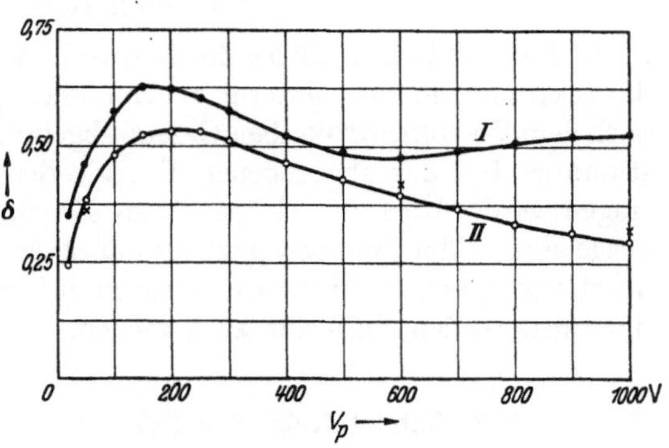

Abb. 71.

jedoch, daß auch in der δ_{90}-Kurve ein Maximum auftritt (Abb. 70). Der Versuch zeigt also einen Fehler und zwar folgenden:

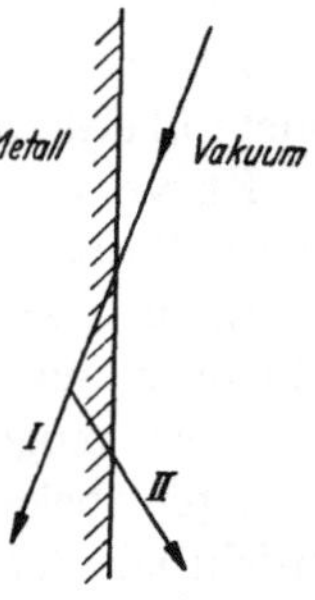

Ein primäres Elektron, das die Oberfläche mit großem Einfallswinkel trifft, wird durch die Streuung zwei Wege einschlagen können (Abb. 71). Es kann nichtelastisch gestreut werden, nachdem es eine Strecke durch die Substanz zurückgelegt hat (I), so daß es nur zum Teil wirksam gewesen ist; es kann aber auch nach tieferen Schichten abgelenkt werden (II); die Sekundärelektronen, die dort gelöst sind, können wieder zum Teil absorbiert werden, bevor sie das Metall verlassen.

Schließlich kann über

Abb. 72. Sekundäremissionsvermögen von Molybdän, bedeckt mit einer dünnen Berylliumschicht (I) und mit einer dickeren Schicht (II).

die Winkelabhängigkeitsversuche bemerkt werden, daß die Metalle mit der kleinsten Dichte den relativ größten Effekt zeigen. Nach den vorhergegehenden Betrachtungen ist dieses klar, denn die Primärelektronen dringen in diese Metalle am tiefsten ein.

§ 7. Das Sekundäremissionsvermögen zusammengesetzter Schichten.

In den vorigen Paragraphen ging aus der Theorie hervor, daß die Primärelektronen mit wachsender V_p tiefer in die sekundäremittierende Schicht hineindringen, und daß die Sekundärelektronen auf größerer Tiefe freigemacht werden. Das kann man auch experimentell beobachten, indem man eine Unterlage mit niedrigem Sekundäremissionsvermögen mit einer Schicht mit größerem δ oder umgekehrt überdeckt. Experimente dieser Art sind von COPELAND [97, 98, 106] und BRUINING [165d] durchgeführt worden.

Abb. 72 zeigt, das Sekundäremissionsvermögen (Kurve *I*) einer Molybdänplatte, die durch Verdampfung mit einer dünnen Berylliumschicht überdeckt worden ist. Bei niedriger V_p hat die Kurve *I* die Gestalt der Kurve *II*, welche sich auf das Sekundäremissionsvermögen einer dicken Be-Schicht bezieht. Bei großer V_p fängt Kurve *I* jedoch zu steigen an, was darauf deutet, daß eine größere Zahl von Sekundärelektronen aus dem Molybdän, mit größerem δ befreit wird.

Es ist möglich, daß mittels Experimenten dieser Art, welche an Schichten bekannter Dicke durchgeführt werden, nähere Ergebnisse hinsichtlich der Konstanten a und α erhalten werden können.

VII. Der Mechanismus der Energieübertragung von den Primärelektronen auf die Elektronen im sekundäremittierenden Stoff.

§ 1. Einleitung.

In Kap. VI haben wir bei der Besprechung der Absorption der Sekundärelektronen in der Materie angenommen, daß die Primärelektronen nach dem WHIDDINGTONschen Gesetz abgebremst werden und daß ein bestimmter Teil der abgegebenen Energie den Sekundärelektronen übertragen wird. Über die Größe dieses Bruchteiles haben wir uns nicht ausgelassen. Wir kommen jetzt also über den Mechanismus der Energieübertragung von den Primärelektronen auf die Elektronen in der sekundäremittierenden Substanz zu sprechen.

§ 2. Schroteffekt der Sekundärelektronenemission.

Das Sekundäremissionsvermögen wurde bisher durch den Faktor δ angegeben, welcher Faktor die Anzahl Sekundärelektronen gibt, die im *Mittel* von einem Primärelektron freigemacht wird. Man kann sich aber die Frage vorlegen, wieviel Primärelektronen *ein* (austretendes) Sekundärelektron lösen, wieviel Primärelektronen *zwei* Sekundärelektronen usw. Diese Frage ist, wie wir weiter sehen werden, nicht vollständig zu beantworten; doch besteht die Möglichkeit, einige interessante Ergebnisse durch Messung des Schroteffektes der Sekundäremission zu erhalten.

Der Schroteffekt ist von ALDOUS und CAMPBELL[104], Frl. L. HAYNER[108], PENNING und KRUITHOF[113], ZIEGLER[114, 139, 140] und Frl. L. HAYNER und KURRELMEYER[149] untersucht worden, die alle fast gleiche Resultate gefunden haben. Wir möchten hier die Überlegungen von ZIEGLER wiedergeben.

Bekanntlich besteht der Elektronenstrom, der von einer thermisch emittierenden Kathode ausgesandt wird, aus einer Zahl nicht gleichzeitig, unabhängig voneinander emittierter Elektronen mit der Ladung ε. Der Elektronenstrom zeigt daher Fluktuation mit der Zeit. Ist die Stromstärke an einem Augenblick I, die mittlere Stromstärke i und das Frequenzgebiet, in dem die Messungen durchgeführt werden, $\Delta \nu$, so gilt nach SCHOTTKY:

$$\overline{(I - i)^2} = 2 \varepsilon\, i\, \Delta \nu. \tag{23}$$

Damit wir die analoge Beziehung für die Sekundärelektronenemission ableiten können, nehmen wir an, daß ein Bruchteil β_0 des Primärelektronenstromes i_p 0 Sekundärelektronen freimacht, ein Bruchteil β_1 1 Sekundärelektron usw. Es gibt dann:

$$\sum_{n=0}^{\infty} \beta_n = 1, \tag{24}$$

$$i_p \cdot \sum_{n=0}^{\infty} n\, \beta_n = i_s. \tag{25}$$

Wir beobachten nun die Gruppe der Sekundärelektronen, die durch den Bruchteil β_n der Primärelektronen gelöst worden ist. Diese Gruppe enthält Wölkchen von n gleichzeitig gelösten Sekundärelektronen mit Ladung ε, welche Wölkchen die gleiche Fluktuation hervorrufen wie ein einziges Teilchen mit Ladung $n\varepsilon$. Für diese Gruppe kann man schreiben [vgl. Gleichung (23)]:

$$\overline{(I_{n\varepsilon} - i_{n\varepsilon})^2} = 2n\,\varepsilon\, i_{n\varepsilon}\, \Delta \nu = 2n^2\, \varepsilon\, \beta_n\, i_p\, \Delta \nu$$

und, weil die quadratische Fluktuationen des totalen Sekundärelektronenstromes sich durch Addition der quadratischen Fluktuationen der unterschiedenen Elektronenwolken zusammensetzen:

$$\overline{(I_s - i_s)^2} = \sum_{n=0}^{\infty} \overline{(I_{n\varepsilon} - i_{n\varepsilon})_2} = \sum_{n=0}^{\infty} 2\,n^2\, \beta_n\, \varepsilon\, i_p\, \Delta \nu. \tag{26}$$

Die Größe von $(I_s - i_s)^2$ ist meßbar. Man hat also drei Gleichungen, nämlich (24), (25) und (26), um die Bruchteile β zu bestimmen. Das ist im allgemeinen zu wenig*. Doch kann man immer angeben, welches n bestimmt vorhanden ist, und zwar in folgender Weise.

Man bestimmt den Quotienten:

$$\frac{\displaystyle\sum_{n=0}^{\infty} n^2\, \beta_n}{\displaystyle\sum_{n=0}^{\infty} n\, \beta_n} = \varkappa. \tag{27}$$

---

* Man kann sich eindenken, daß V_p so niedrig ist, daß ein Primärelektron nicht mehr als drei Sekundärelektronen lösen kann. Dies ist z. B. der Fall bei Beschießung von NaCl mit Elektronen von 25 eV, wobei für die Auslösung eines sekundären Elektron 7,4 eV benötigt ist. Man kann dann die Größen der $\beta's$ genau berechnen.

(27) kann man schreiben:

$$\sum_{n=0}^{\infty} n^2 \beta_n = \varkappa \sum_{n=0}^{\infty} n \beta_n$$

oder

$$\sum_{n=0}^{n_\varkappa-1} n^2 \beta_n + \sum_{n=n_\varkappa}^{\infty} n^2 \beta_n = \varkappa \sum_{n=0}^{n_\varkappa-1} n \beta_n + \varkappa \sum_{n=n_\varkappa}^{\infty} n \beta_n, \tag{28}$$

wobei $n_\varkappa$ die erste ganze Zahl größer als $\varkappa$ ist. Weil $n_\varkappa > \varkappa > n_\varkappa - 1$ ist,

so ist $\varkappa \sum_{n=0}^{n_\varkappa-1} n \beta_n > \sum_{n=0}^{n_\varkappa-1} n^2 \beta_n$.

Wegen (28) muß $\sum_{n=n_\varkappa}^{\infty} n^2 \beta_n \neq 0$ sein, was bedeutet, daß es sicher Primärelektronen gibt, die $n_\varkappa$ Sekundärelektronen freigemacht haben.

So hat man aus Fluktuationsmessungen an dem von einer Bariumoxydschicht ausgesandten sekundären Elektronenstrom schließen können, daß es Primärelektronen gibt, die 10 Sekundärelektronen gelöst haben, während in diesem Falle die mittlere Zahl δ gleich 5 war *. Mit Hilfe der Fluktuationsmessungen kann man also zu einem Ergebnis kommen, das nicht nur für die Theorie sehr wichtig ist, sondern auch für die technische Anwendung der Oberflächen mit großem Sekundäremissionsvermögen eine große Bedeutung hat (Kap. VIII)**.

§ 3. Die RICHARDSONsche Vorstellung über den Mechanismus der Sekundärelektronenemission.

In 1928 und 1930 hat RICHARDSON[66, 76] in zwei Verhandlungen eine ausführliche Theorie über die Sekundärelektronenemission von Metallen veröffentlicht, und zwar anläßlich zahlreicher Experimente, die von PETRY[42, 49], KREFFT[54, 55, 65], RAO[74, 75] und RUDBERG[77] durchgeführt worden sind.

Diese Autoren haben beobachtet, daß, bei sehr genauer Messung, die den Zusammenhang zwischen δ und V_p angebende Kurve eine Feinstruktur zeigt***.

---

* Man vgl. auch C. J. BAKKER u. BALTH VAN DER POL: C. R. des Assembleés générales de l'Union Radioscientifique. Int. Venise Bd. 5 (1938) S. 217.

** Frl. L. HAYNER[108] und Frl. L. HAYNER und KURRELMEYER[149] haben versucht, eine Abschätzung der Größen β_0, β_1 und $\sum_{2}^{\infty} \beta_n$ zu machen. Sie haben dabei jedoch eine Annahme gemacht, die, wie ZIEGLER gezeigt hat, nicht mit dem experimentellen Befund in Übereinstimmung ist.

*** Es ist sehr gut möglich, daß diese Feinstruktur durch elastisch reflektierte Primärelektronen verursacht wird. Keiner der zitierten Verfasser hat diese Möglichkeit einer näheren Untersuchung unterworfen. Auch die von FARNSWORTH[47] bei Beschießung mit langsamen Elektronen gefundenen Unregelmäßigkeiten werden vielleicht durch elastisch reflektierte Primärelektronen verursacht.

Die Feinstruktur zeigt sich erst, wenn das Metallplättchen bis zu einem gewissen Grad entgast worden ist. Anderseits sind Untersuchungen bezüglich der Anregung von weichen Röntgenstrahlen durch Beschießung einer Metalloberfläche mit Elektronen durchgeführt worden. Die Kurve, die den Zusammenhang zwischen der Intensität, Strahlung und der Energie der einfallenden Elektronen legt, zeigt gleichfalls eine Feinstruktur. Es hat sich nun herausgestellt, daß die Unregelmäßigkeiten in den beiden Kurven oft bei gleicher Energie der einfallenden Elektronen gefunden werden; die Möglichkeit liegt auf der Hand, daß zwischen beiden Vorgängen ein gewisser Zusammenhang besteht.

Nach der Vorstellung von RICHARDSON sollten nun die Sekundärelektronen nicht unmittelbar von den Primärelektronen gelöst werden; die Sekundärelektronenlösung sollte vielmehr in der Weise vor sich gehen, daß die Primärelektronen zuerst die weiche Röntgenstrahlung anregen und daß letztere die Emission von Elektronen verursacht.

Diese Vorstellungsweise hat aber zahlreiche Schwierigkeiten. Wie RICHARDSON selbst bemerkt hat, ist die angeregte Strahlung zu wenig intensiv, um alle beobachteten Sekundärelektronen emittieren zu können. Dazu kommt, daß später AHEARN[79] und WARNECKE[103] mittels sehr genauer Versuche gezeigt haben, daß die sehr wenig intensive Feinstruktur nicht wirklich ist, sondern zum größten Teil der Anregung und Ionisierung adsorbierter Gasatome und Moleküle zugeschrieben werden muß.

Die sehr ausführlichen Experimente, die einen Zusammenhang zwischen der Sekundärelektronenemission und der Emission weicher Röntgenstrahlen zu zeigen versuchten, haben also nicht zum gewünschten Ziel führen können. Jedoch haben die Forscher, die sich mit diesem wenig dankbaren Problem beschäftigt haben, ein sehr großes wertvolles Zahlenmaterial gesammelt, indem sie von zahlreichen Metallen das Sekundäremissionsvermögen genau bestimmt haben (Kap. III). In allen anderen Verhandlungen findet man nur die Auffassung, daß die Sekundärelektronen gelöst werden, indem die Primärelektronen mit den Elektronen in der beschossenen Materie zusammenstoßen.

§ 4. Anregung von Quantensprüngen in festen Substanzen durch Elektronenstoß.

Obgleich zahlreiche Forscher versucht haben, Quantensprünge in festen Substanzen nachweisbar anzuregen (vgl. § 3 dieses Kapitels), so ist es doch nur wenigen gelungen, mit Sicherheit anzuzeigen, welchen Sprung man mittels Elektronenstoß verursacht. Wir wollen in diesem Abschnitt Untersuchungen von HILSCH[86, 87] und RUDBERG[127, 128], die sehr überzeugende Ergebnisse erzielt haben, besprechen.

Die Experimente von HILSCH[86, 87]. Von HILSCH wurde das Sekundäremissionsvermögen von Überdampfschichten von NaCl, KCl, KJ, LiF, NaF und CaF_2 bei niedrigen Werten von V_p untersucht. Abb. 73 zeigt die Meßergebnisse. Die Kurven zeigen starke Schwankungen, relativ viel

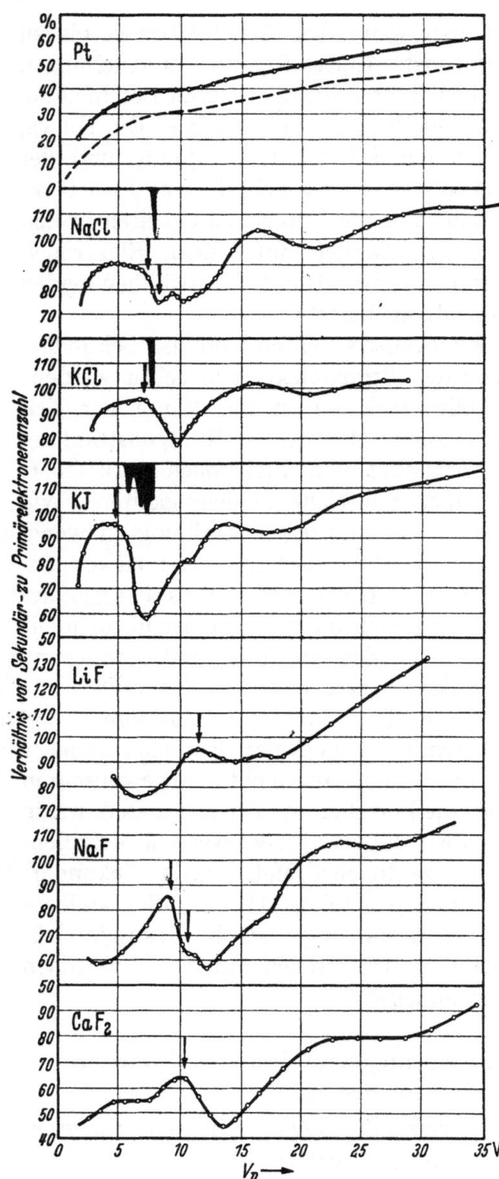

Abb. 73. Abfall der Elektronenreflektion bei einer Energie
entsprechender optischen Absorptionsgrenze für
Alkalihalogenidüberdampfschichten. (Nach HILSCH[87].)

stärker als die ähnlichen Kurven von Metallen. An der Stelle, wo sie stark sinken*, sind sie mit einem Pfeil markiert. Aus der Tabelle XI ist ersichtlich, daß die Elektronenenergie, bei der das Sekundäremissionsvermögen sinkt, genau mit der optisch ermittelten Durchlässigkeitsgrenze übereinstimmt.

Die hier genannten Kristalle sind, wie bekannt, völlig durchlässig für Licht mit einer größeren als in der Tabelle angegebenen Wellenlänge. Das schließt ein, daß auch Elektronen mit einer Energie kleiner als die in der zweiten Zeile angegebenen, keine Energie durch Elektronenstoß verlieren können. Tatsächlich hat HILSCH gefunden, daß Elektronen, die mit dieser niedrigen Energie auf den Kristall geschossen werden, in den Kristall hineindringen oder ohne Energieverlust reflektiert werden. Bei Überschreitung der Energie, korrespondierend mit der Durchlässigkeitsgrenze, werden auch langsamere Elektronen emittiert, was beweist, daß die primären Elektronen Energie verloren haben, oder daß Sekundärelektronen emittiert werden.

Die dem Absorptionsband entsprechenden Elektronenübergänge sind Übergänge der äußersten Elektronen** der negativen Ionen in das unbe-

---

* Der zweite Pfeil gibt noch einen Elektronenübergang an, der aber für die Sekundärelektronenemission nicht wichtig ist.

** Diese Elektronen haben bei den hier genannten Halogeniden die höchste Energie. Vgl. J. H. DE BOER: Elektronenemission und Adsorptionserscheinungen, S. 182. Leipzig 1937.

Tabelle XI.

Kristall	Der Abfall der Elektronenreflexion tritt ein bei		Optisch ermittelte Durchlässigkeitsgrenze (Wellenlänge in mμ)
	einer Elektronenenergie (eV)	entsprechend einer Wellenlänge (mμ)	
NaCl	7,3 ± 0,13	169 ± 3	170
KCl	7,1 ± 0,08	174 ± 2	175
KJ	4,8 ± 0,15	257 ± 8	etwa 260
LiF	11,5 ± 0,15	107 ± 1,5	108
NaF	9,2 ± 0,08	134 ± 1,5	132
CaF$_2$	10,4 ± 0,05	119 ± 2	121,5

setzte Energieband; so sind es z. B. bei NaCl die 3 p-Elektronen der negativen Chlorionen, wie schon in Kap. IV, S. 44 erwähnt wurde.

Diesen für den Mechanismus der Sekundärelektronenemission sehr wichtigen Quantensprung wollen wir an anderer Stelle in diesem Kapitel weiter diskutieren.

Die RUDBERGschen Versuche [127] **und die RUDBERG‑SLATERsche Theorie** [128]. Auf ganz andere Weise hat RUDBERG bei verschiedenen Stoffen Quantensprünge durch Elektronenstoß beobachten können, und zwar durch Beschießung der Substanz mit primären Elektronen konstanter Energie und Messung der Energieverteilung der Elektronen, die von der Substanz mit geringem Energieverlust reëmittiert werden. Es handelt sich hier

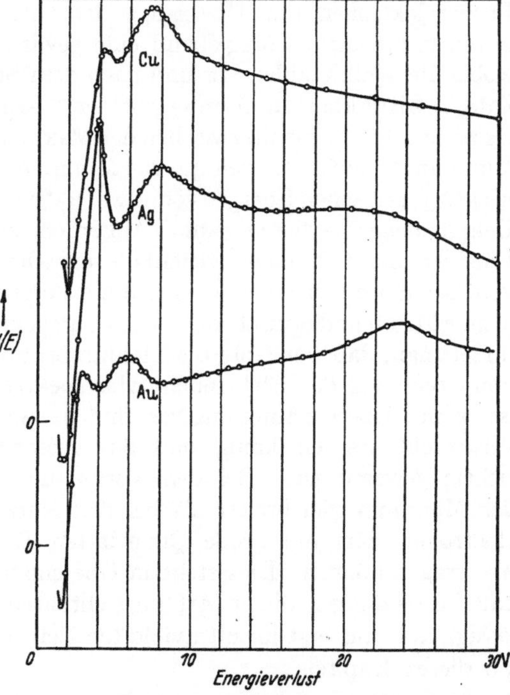

Abb. 74. Unelastische Streuung von Primärelektronen gegen Oberflächen von Gold, Silber und Kupfer. (Nach RUDBERG [127].)

um die Elektronen, die in der Energieverteilungskurve in Abb. 3, S. 4, die Maxima U verursachen. Weil die Distanz zwischen den Maxima U und R* von der Energie der Primärelektronen unabhängig ist, hat man es offenbar in den Maxima U mit Primärelektronen zu tun, die einen bestimmten Energieverlust erlitten haben. In Abb. 74 sind die Maxima U stark vergrößert wiedergegeben. Die Maxima R liegen

---

* Das Maximum R stammt von den Elektronen, die *ohne* Energieverlust reflektiert worden sind.

viel zu hoch, als daß sie eingezeichnet werden könnten. Man sieht, daß jedes Metall eine geeignete Feinstruktur zeigt. Eine gemeinsame Eigenschaft ist jedoch, daß die Maxima U und R durch ein tiefes Minimum geschieden sind. Es ist klar, daß die Quantenmechanik über die beobachteten Erscheinungen Auskunft bringen kann.

RUDBERG und SLATER haben untersucht, welcher Übergang der Metallelektronen dem Energieverlust (Abstand zwischen dem Maximum R und den Maxima U) der Primärelektronen entspricht. In diesem Fall hat man mit Primärelektronen einige Hundert eV zu tun, die einen Energieverlust von nur einigen eV erleiden. Die genannten Verfasser haben mit Hilfe der BLOCHschen Modelle die Übergangswahrscheinlichkeiten der Metallelektronen nach höheren Energiezuständen berechnet und haben zeigen können, daß bei relativ kleinen Energieverlusten der Primärelektronen nur Übergänge der Gitterelektronen vom besetzten in ein unbesetztes Energieband eine gewisse Wahrscheinlichkeit haben, wobei die Wellenzahlen vor und nach dem Stoß sich um $2\pi\,n/a$ (n ganze Zahl, a Gitterkonstante) unterscheiden* (siehe § 5). Die Theorie erklärt also sehr schön, weshalb zwischen den Maxima R und U ein so ausgeprägtes Minimum** auftritt, weil ja das Minimum bedeutet, daß ein primäres Elektron mit einer Energie von etwa 100 eV nicht jede willkürlich kleine Energiemenge verlieren kann. Außerdem zeigt die Theorie, daß durch Einstrahlung mit Licht gleichfalls nur dieselben Elektronenübergänge verursacht werden können, so daß ein Vergleich zwischen Elektronenverlustspektrum und optischem Absorptionsspektrum möglich ist. Tatsächlich findet man, daß bei Gold die Lichtabsorption bei gleichem $h\nu$ ein Maximum zeigt wie das Elektronenverlustspektrum. Bei Kupfer und Silber ist keine Übereinstimmung zu finden, was nach RUDBERG dadurch verursacht werden kann, daß das Absorptionsspektrum nicht ganz richtig gewesen ist. Bei den Verbindungen, wie CaO und BaO, ist das Minimum viel breiter als bei den Metallen, d. h., daß die Primärelektronen dort nur große Quantitäten Energie den Gitterelektronen übertragen können. Dies steht in Übereinstimmung mit der Erfahrung, daß Verbindungen dieser Art im sichtbaren Teil des Spektrums durchlässig sind und erst im ultravioletten Teil absorbieren; man siehe auch § 6 dieses Kapitels.

Doch soll man mit der Anwendung von Theorien für die Deutung von Experimenten dieser Art vorsichtig sein. Wie RUDBERG selbst gefunden hat, wird das Energiespektrum zum größten Teil in den äußersten vier

---

* Es würde uns zu weit führen, eine vollständige Auseinandersetzung der Theorie von RUDBERG und SLATER zu geben. Für Einzelheiten sei nach der betreffenden Verhandlung verwiesen. Das gleiche Resultat wurde auch von WOOLDRIDGE[212] erhalten, dessen Überlegungen, unserer Ansicht nach, leichter zu folgen sind als die Rechnungen von RUDBERG und SLATER.

** Dieses Minimum wurde schon früher von zahlreichen Untersuchern beobachtet[50, 51, 56, 77, 81, 85, 112].

Atomschichten gebildet*. Die Frage bleibt, ob Wellenfunktionen, die in einem unendlich ausgedehnten Kristall gültig sind, in den äußersten vier Schichten auch gelten.

§ 5. Theorie der Sekundärelektronenemission nach Fröhlich und Wooldridge.

Bei unseren Betrachtungen über die Sekundärelektronenemission (insonderheit in Kap. VI bei der Besprechung der Absorption der Sekundärelektronen) haben wir uns nicht um die Richtung gekümmert, in die die Metallelektronen von den Primärelektronen abgestoßen wurden. Wir haben dort stillschweigend angenommen, daß die Sekundärelektronen durch weitere Zusammenstöße derart zerstreut werden, daß ihre Richtungsverteilung im Metall schließlich isotrop wird. Fröhlich[84] in 1932 und später Wooldridge[212] in 1939 haben eine quantenmechanische Theorie aufgestellt, welche dem Blochschen Modell für Metalle entspricht, wobei auf diesen Punkt besonders acht gegeben wurde. Genannte Verfasser betrachten den Zusammenstoß eines Primärelektrons und eines einzigen Gitterelektrons. Ist letzteres ganz frei, so ist es unmöglich, daß es an der Seite austritt, wo die Primärelektronen die Platte treffen, denn das wäre nicht mit den Energie- und Impulserhaltungssätzen in Übereinstimmung. Nur gebundene Elektronen können an der Eintrittsseite emittiert werden. Wir werden hier das Prinzip ihrer Rechnungen angeben und ihre Schlußfolgerungen besprechen.

Bekanntlich gilt für die Elektronen im Stoff die Schrödinger-Gleichung**:

$$\Delta \psi + \frac{8 \pi^2 m}{h^2} \left(E - V(\vec{r}) \right) \psi = 0, \tag{29}$$

wobei das Potential $V(\vec{r})$, Funktion der Koordinaten x, y, z die Perioden des Gitters hat und $\vec{r}$ den Vektor mit den Komponenten x, y und z bedeutet.

Die allgemeinste Form von ψ, die (28) mit einem bestimmten Wert E_k von E genügt, ist:

$$\psi_k = U_k(\vec{r})\, e^{i(\vec{k} \cdot \vec{r})}. \tag{30}$$

$U_k(\vec{r})$ hat die Periode des Gitters, und sein Abweichen einer Konstante bestimmt die Bindung der Gitterelektronen. Der Vektor $\vec{k}$ trägt den Namen Ausbreitungsvektor oder Wellenzahl, von denen jede durch drei

---

* Es ist klar, daß zur Erhaltung von Ergebnissen, die sich wirklich auf das Metall beziehen, ein ausgezeichnetes Vakuum in der Meßapparatur notwendig ist. Hierauf hat Rudberg hingewiesen; es ist fraglich, ob Experimentatoren, die sich früher mit Experimenten dieser Art beschäftigt haben, darauf genügend acht gegeben haben.

** Siehe z. B. H. Fröhlich: Elektronentheorie der Metalle, S. 16. Berlin 1936.

Quantisierungszahlen k_x, k_y und k_z bestimmt wird, die nur bestimmte diskrete Werte annehmen können. Die drei zueinander gehörenden Zahlen k_x, k_y und k_z hängen mit den Impulskomponenten des Elektrons zusammen, dessen Bewegung durch (30) dargestellt wird, und können daher als die Komponenten eines Vektors $\vec{k}$ betrachtet werden.

Es sei hier noch bemerkt, daß den diskreten Werten von k_x, k_y, k_z ein nicht kontinuierliches Energiespektrum entspricht. Es besteht aus Bändern, von denen jedes in eine Anzahl Niveaus aufgespalten ist, die durch drei endlich gedachte Dimensionen bestimmt wird. Die Anzahl Niveaus innerhalb eines Bandes ist gleich der Anzahl N^3 der Elementarzellen. In jedem Band durchläuft k also N^3-Werte, indem, bei kubischem Gitter mit Gitterkonstante a, jede der Komponenten k_x, k_y und k_z N diskrete Werte durchläuft, die zwischen $n\pi/a$ und $(n+1)\pi/a$ bzw. $-n\pi/a$ und $-(n+1)\pi/a$ gelegen sind, wobei n eine ganze Zahl ist, welche ein einzelnes Band charakterisiert. Beim Passieren einer dieser Grenzen macht die Energie einen Sprung. Man kommt dann in ein anderes Band.

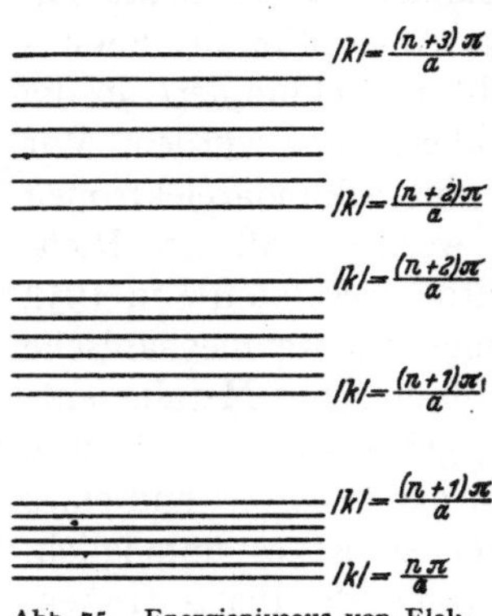

Abb. 75. Energieniveaus von Elektronen in einem festen Stoff (eindimensional).

In Abb. 75 ist ein Energiespektrum für das eindimensionale Problem schematisch dargestellt. Hieraus ist ersichtlich, daß mit wachsendem n die zugelassenen Gebiete sich vergrößern, die verbotenen Gebiete schmaler werden. Bei drei Dimensionen ist das Schema viel komplizierter, weil dann die Bänder einander überlappen können.

Wenn die Elektronen nur schwach gebunden sind, ist $|U_k(\vec{r})| \sim 1$. In diesem Falle ist der Impuls $\vec{p}$ des Elektrons $\vec{p} \sim \dfrac{h\,\vec{k}}{2\pi}$ und die Energie

$$E \sim \frac{h^2 |\vec{k}|^2}{2\pi m}.$$

Das primäre Elektron hat nach WOOLDRIDGE die Wellenfunktion $\psi_k = e^{i\,(\vec{K}\cdot\vec{R})}$. Es wird also angenommen, daß es so schnell ist, daß es auch im Gitter als frei betrachtet werden kann.

Bei der Wechselwirkung der zwei Elektronen ist das Störungspotential die COULOMBsche Energie $\dfrac{e^2}{|\vec{R}-\vec{r}|}$. Mit Hilfe der Störungsrechnung läßt sich nun die Wahrscheinlichkeit berechnen, daß das Zweielektronensystem, das zur Zeit $t=0$ im Zustand $\vec{k}$, $\vec{K}$ war, zur Zeit t in den Zustand $\vec{k'}$, $\vec{K'}$ gelangt. Es zeigt sich, daß diese Wahrscheinlichkeit nur einen von Null verschiedenen Wert hat, wenn:

$$\text{1.} \qquad \vec{K} + \vec{k} - \vec{K'} - \vec{k'} + \frac{2\pi\,\vec{\varrho}}{a} = 0, \qquad (31)$$

wobei ϱ ein Vektor mit ganzzahligen Komponenten ist;

2. die Totalenergie der zwei Teilchen vor und nach dem Stoß die gleiche ist. Wird die Bindung der Gitterelektronen schwach angenommen, leitet diese Bedingung zur Beziehung

$$|\vec{K^2}| + |\vec{k^2}| - |\vec{K'^2}| - |\vec{k'^2}| = 0 \,. \tag{32}$$

Die Beziehung (31) ist der Impulserhaltungssatz. Sie unterscheidet sich von dem Ausdruck für freie Elektronen, indem in Gleichung (31) der Term $2\pi\varrho/a$ hinzugefügt worden ist. Dadurch besteht die Möglichkeit, daß die Vektoren $\vec{K}$ und $\vec{k'}$ eine entgegengesetzte Richtung bekommen, so daß das Metallelektron an der Eintrittsseite austreten kann. Dieses kann man physikalisch so deuten, daß das Elektron zuerst an einer Netzebene reflektiert werden muß, bevor es austreten kann.

Wie WOOLDRIDGE gezeigt hat, sind diejenigen Übergänge am wahrscheinlichsten, bei denen gilt:

$$\vec{k'} \sim \vec{k} + \frac{2\,\pi\,\vec{\varrho}}{a}$$

wobei $|\vec{\varrho}| = 1$ ist. Ein Gitterelektron absorbiert dabei von einem Primärelektron die Energie

$$E_0 = \frac{h^2}{8\,m\,\pi^2} \left(\frac{2\,\pi}{a} \right)^2 \,.$$

Damit ein primäres Elektron ein Sekundärelektron emittieren kann, muß

$$\varepsilon V_p > E_0 - \varepsilon\varphi \,,$$

wobei φ die Austrittsenergie ist. Bei kleinerer V_p würde das Primärelektron auf ein schon besetztes Niveau kommen, was wegen des PAULI-Prinzipes ausgeschlossen ist. Da $E_0 \sim 25$ V und $\varphi \sim 5$ V ist (für Ag), fordert die Theorie also, daß für $V_p < 20$ V keine Sekundärelektronenemission mehr auftritt und weiter, daß Metalle mit großer Gitterkonstante und einer niedrigen FERMI-Energie ein großes Sekundäremissionsvermögen haben, d. h. also, daß diejenigen Metalle, die gut thermisch emittieren, auch ein großes δ haben. Die umfangreichen Rechnungen, die zu diesem letzten Resultat führen, wollen wir hier nicht wiedergeben.

Man kann also nicht sagen, daß diese Theorie und das Experiment (vgl. Kap. III und IV) miteinander im Einklang sind. Auch ist nicht bewiesen worden, daß die echte Sekundäremission erst einsetzt, wenn eine bestimmte Primärenergie überschritten wird. Zwar gibt es einige Untersucher, die eine derartige Grenze angegeben haben (BECKER [37, 38]; HAWORTH [122]), es sind jedoch auch Untersuchungen ausgeführt worden, bei denen von einer derartigen Grenze nichts zu bemerken ist (FARNSWORTH [58]). Es handelt sich hier um ein Experiment, dessen Ausführung große Mühe hinsichtlich Vakuum usw. geben wird, wenn man sicher sein will, daß man wirklich das Sekundäremissionsvermögen der betreffenden Metalle mißt.

Auch der Ausgangspunkt der Theorie scheint uns nicht richtig. Hier wird nämlich der Zusammenstoß *eines* einzigen primären und eines einzigen sekundären Elektrons betrachtet. Jedenfalls werden bei dem Zusammenstoß mehrere Gitterelektronen zu gleicher Zeit mitbeteiligt sein. Ein derartiges Problem wird aber schwer zu lösen sein.

Betrachtet man die große Anzahl Vernachlässigungen und grobe Abschätzungen, die die beiden obengenannten Autoren haben machen müssen, so bekommt man den Eindruck, daß die Quantenmechanik noch nicht genügend weit entwickelt ist, um ein derartig verwickeltes Problem zu lösen. Es ist jedoch außer jedem Zweifel, daß nur die Quantenmechanik die Lösung bringen kann.

§ 6. Das Sekundäremissionsvermögen von Isolatoren, Halbleitern und Metallen [198].

In Kap. IV haben wir gezeigt, daß die einfachen Verbindungen von Alkalien und Erdalkalien ein großes Sekundäremissionsvermögen haben ($\delta \sim 5$), die Halbleiter — meistens Verbindungen von Metallen mit großer Ionisationsenergie — und die Metalle selbst ein niedriges ($\delta \sim 1$). Wir werden in diesem Kapitel versuchen, mit Hilfe eines einfachen Bildes den Unterschied zwischen beiden Gruppen von Stoffen zu deuten. Dieses Bild kann keineswegs als exakt betrachtet werden, und die Richtigkeit muß durch genauere Rechnungen bestätigt werden. Vielleicht kann es jedoch als Arbeitshypothese nützlich sein.

Wir werden jetzt betrachten, auf welche Weise die primären Elektronen Energie im beschossenen Stoff verlieren können. Bei den Verbindungen mit großem Sekundäremissionsvermögen — im allgemeinen Isolatoren — sind die zugelassenen Energiebänder gar nicht oder vollbesetzt mit Elektronen. Ein primäres Elektron kann also nur dadurch Energie verlieren, daß es ein Elektron aus dem besetzten Band in das benachbarte unbesetzte Band bringt. Es muß nun die Größe der Austrittswahrscheinlichkeit bestimmt werden, wenn ein Elektron vom besetzten in das unbesetzte Band gehoben wird. Man kann sich Verbindungen zwei verschiedener Typen denken:

A. Das unbesetzte Band hat eine derartige Lage, daß die in das Band gebrachten Sekundärelektronen das Material verlassen können ohne die Notwendigkeit, eine extra Quantität Energie aufzunehmen.

B. Das unbesetzte Band hat eine derartige Lage, daß die Elektronen nicht austreten können.

Abb. 76 gibt das Energieschema für die beiden Klassen von Verbindungen, wobei das besetzte Band *I* durch Kreuzschraffierung, die unbesetzten Bänder *II* bzw. *II* und *III* durch Linienschraffierung angedeutet sind. Abb. 76a ist das Schema eines Stoffes mit großem δ, denn in diesem Stoff können die Primärelektronen nur dadurch Energie verlieren, daß sie die Elektronen vom besetzten Band *I* in das unbesetzte

Band *II* heben; hier können die Elektronen die Substanz ohne extra Energieaufnahme verlassen. Abb. 76b dagegen gibt das Schema für einen Stoff mit niedrigem δ; in diesem Falle können die Primärelektronen Energie verlieren durch Hebung der Gitterelektronen in das unbesetzte Band *II*, wo sie eine ungenügend große Energie haben um den Stoff verlassen zu können; letzteres ist nur möglich, wenn sie in das Band *III* gehoben werden; im Falle Abb. 76b geht ein gewisser Teil der Energie der Primärelektronen für die Sekundärelektronenemission verloren.

Die Lage der Energiebänder kann empirisch mit Hilfe der Lage der Lichtabsorptionsbänder oder durch die langwellige Grenze des inneren

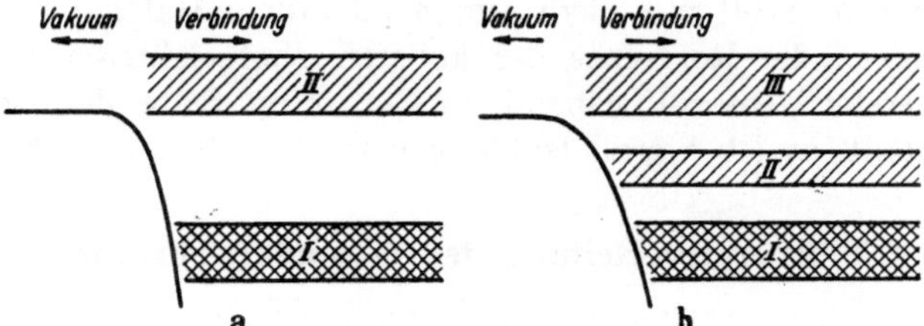

Abb. 76. Energieschema eines Stoffes mit großem δ (*a*) und eines Stoffes mit niedrigem δ (*b*).

photoelektrischen Effektes bestimmt werden. Die Austrittsenergie bestimmt natürlich die Austrittswahrscheinlichkeit für die Elektronen im besetzten Band.

Es zeigt sich nun, daß das Energieschema tatsächlich auf die Alkalihalogeniden (großes δ) angewendet werden kann. Erstens hat FLEISCHMANN * bei KBr gezeigt, daß die größte Wellenlänge des noch absorbierten Lichtes (Licht, das also Elektronen von Band *I* in die unteren Niveaus von *II* bringt) auch noch imstande ist, Elektronen außerhalb des Kristalls zu bringen. Zweitens hat MOTT ** berechnet, welche Energie benötigt ist, um Elektronen aus den niedrigsten Niveaus von Band *II* in das Vakuum zu bringen. Nach diesen Rechnungen ist diese Energie nicht gleich Null (wie nach FLEISCHMANN), ist jedoch sehr klein (z. B. NaCl 0,53 eV, KCl 0,07 eV, KBr 0,7 eV), jedenfalls viel kleiner als die Energiedifferenz zwischen den Bändern *I* und *II* (bei NaCl z. B. 7,4 eV ***).

Bei den Halbleitern ist die Lage der Energiebänder ganz anders. Zum Beispiel ist für Cu_2O ($\delta \sim 1$) das Austrittspotential nach FLEISCHMANN † 5,4 eV. Die langwellige Grenze des inneren photoelektrischen Effektes kommt aber mit einer viel kleineren Energie überein, z. B. wird ein Maximum gefunden bei 2 eV. Daß das Schema Abb. 76b auch z. B. für MoS_2 ($\delta \sim 1$) gilt, läßt sich gleichfalls aus experimentellen Daten ableiten ††.

---

* FLEISCHMANN, R.: Z. Phys. Bd. 84 (1933) S. 717.
** MOTT, N. F.: Trans. Faraday Soc. Bd. 34 (1938) S. 500.
*** DE BOER, J. H.: Elektronenemission und Adsorptionserscheinungen, S. 182. Leipzig 1937.
† FLEISCHMANN, R.: Ann. Phys., Lpz. Bd. 5 (1930) S. 73.
†† DE BOER, J. H. u. W. CH. VAN GEEL: Physica, Haag Bd. 2 (1935) S. 286.

Bei den Metallen ist die Lage etwas verwickelter, weil es dort zum Teil gefüllte Bänder gibt, und auch gefüllte und nichtgefüllte Bänder, die einander überlagern. Durch die Wirkung von schnellen Elektronen sind nur Übergänge von dem einen in das nächste Band möglich, wie in den Abschnitten 4 und 5 erwähnt wurde. Nähere Rechnungen sollen ausmachen, ob langsame Primärelektronen Übergänge in dem gleichen Band hervorrufen können.

Nach dem hier gegebenen Bild könnte man die folgende Regel aufstellen: Wenn das Kristallgitter eine Absorption zeigt bei Wellenlängen, die größer als die Rotgrenze des äußeren photoelektrischen Effektes sind, so hat man mit einem Stoff mit niedrigem δ (Metallen, Halbleitern) zu tun. Wenn dagegen die Rotgrenze des äußeren photoelektrischen Effektes mit dem ersten Absorptionsband an der roten Seite des Spektrums zusammenfällt, so ist δ groß (zahlreiche farblose Isolatoren*).

§ 7. Energieverteilung der Sekundärelektronen.

Über die Energieverteilung der Sekundärelektronen haben wir noch nicht gesprochen. Es sei hier noch einmal auf Abb. 1 verwiesen, aus der hervorgeht, daß keine Sekundärelektronen mit Nullgeschwindigkeit emittiert werden, und daß das Maximum in der Energieverteilungskurve bei ungefähr 10 V liegt. Warum die Energieverteilungskurve eine derartige Form hat, ist noch nicht klar. Die Kurve wird natürlich einerseits durch die Übergangswahrscheinlichkeiten der Gitterelektronen nach höheren Energieniveaus bestimmt, wird aber andererseits sicher durch die Absorption der Sekundärelektronen, bevor sie den Kristall verlassen, mitbestimmt. Besonders über den letzten Punkt ist wenig bekannt. Weitere theoretische und experimentelle Untersuchungen sind hier notwendig.

§ 8. Temperaturabhängigkeit der Sekundärelektronenemission.

Es sei hier noch eine kurze Bemerkung über die Temperaturabhängigkeit der Sekundärelektronenemission gemacht. Die Austrittsenergie der Sekundärelektronen ist von der Größenordnung 10 eV, das ist also viel größer als die Energie, die die Elektronen infolge der thermischen Bewegung haben. Es ist daher zu erwarten, daß von einem Temperatureinfluß kaum etwas zu bemerken sein wird**.

Zahlreiche Untersuchungen, die hinsichtlich Einfluß der Temperatur auf die Sekundärelektronenemission durchgeführt worden sind, bestätigen diese Auffassung[79, 31, 62, 65, 71, 110, 222, 223]***.

---

* Anm. bei der Korrektur. Neuere Untersuchungen von MAURER[233] bestätigen die hier beschriebene Auffassung.

** Über die Sprünge im Verlauf von δ bei Überschreitung des CURIE-punktes u. d. haben wir schon im Kap. III, S. 36 berichtet.

*** In jüngster Zeit sind jedoch Versuche von REICHELT[218a] durchgeführt worden, nach denen die Austrittsenergie der Sekundärelektronen bei 1500° C

VIII. Technische Anwendungen der Sekundärelektronenemission.

§ 1. Einleitung.

Die große technische Bedeutung der Sekundärelektronenemission liegt darin, daß sie in allen Elektronenröhren auftritt. Sie kann dabei eine unerwünschte Erscheinung sein, die man soviel wie möglich zu unterdrücken versucht. Die Mittel zur Beseitigung der schädlichen Einflüsse der Sekundärelektronenemission werden wir in Teil A beschreiben. Anderseits aber kann man die Sekundäremission mittels Oberflächen mit $\delta > 1$ benutzen, um Elektronenströme zu verstärken. Diese Verstärkungsmethode ist besonders in den letzten Jahren entwickelt worden, und hat die Konstruktion verschiedener neuer Röhrentypen mit besonders günstigen Eigenschaften veranlaßt. Die praktische Anwendung von Oberflächen großer Sekundäremissionsfähigkeit werden wir in Teil B besprechen.

A. Unterdrückung der Sekundärelektronenemission.

§ 2. Die Unterdrückung der Sekundärelektronenemission in der Tetrode.

Ein Beispiel für den Fall, daß die Sekundärelektronenemission soviel wie möglich unterdrückt werden muß, ist die Tetrode, speziell die Tetrode für die Verstärkung großer (audiofrequenter) Spannungen (s. g. Endtetrode). Der innere Aufbau einer derartigen Röhre besteht aus einer Kathode 1, einem Steuergitter 2, einem Schirmgitter 3 und einer Anode 4 (Abb. 77).

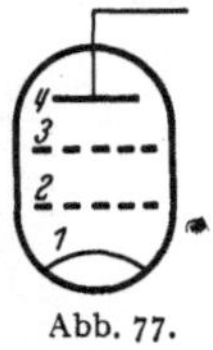

Abb. 78a ist ein Diagramm, das den Anodenstrom i_a als Funktion des Anodenpotentials V_a für verschiedene Werte von V_{g1} gibt (V_{g1} ist die Potentialdifferenz zwischen Steuergitter und Kathode). Bei steigendem V_a nimmt zuerst i_a zu, weil der Anteil der von der Kathode ausgesandten Elektronen, der die Anode erreichen kann, wächst. Mit weiter zunehmendem V_a aber fängt die Anode an, eine beträchtliche Zahl Sekundärelektronen zu emittieren, die vom Schirmgitter eingefangen werden ($V_{g2} > V_a$; V_{g2} ist die Potentialdifferenz zwischen Schirmgitter und Kathode). Das hat zur Folge, daß die i_a-Charakteristik horizontal läuft oder sogar zu sinken anfängt. Wenn aber V_a von der Größenordnung V_{g2} wird, so können die von der Anode ausgesandten Elektronen das Schirmgitter nicht mehr erreichen; i_a zeigt eine starke Steigung; wenn $V_a > V_{g2}$ ist, so steigt die i_a-Kurve langsam.

Abb. 77.

---

um einige eV größer ist als bei Zimmertemperatur. KOLLATH[229] hat später darauf hingewiesen, daß die von REICHELT gefundene Erscheinung dadurch verursacht wird, daß das magnetische Feld des Stromes, mit dem REICHELT seine Proben heizt, den Sekundärelektronen eine Abweichung erteilt.

Wir besprechen zuerst den Fall, daß der Anodenkreis mit einem Widerstand belastet ist. In diesem Falle wird die Größe von i_a von der

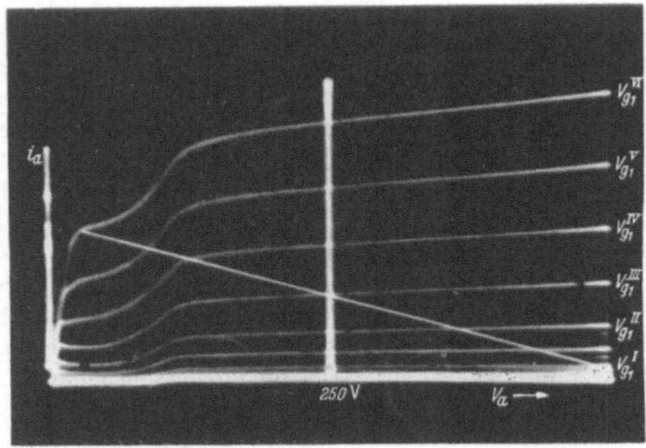

Abb. 78a. Anodenstrom i_a als Funktion von V_a in einer Tetrode, bei verschiedenen Spannungen des Steuergitters V'_{g_1}, V''_{g_1} usw. und konstantem Schirmgitterpotential $V_{\bar{g}_2}$. Belastung mit Ohmschem Widerstand. Photographische Aufnahme mit einer Kathodenstrahlröhre.

Lage des Schnittpunktes der betreffenden Kennlinie mit der Gerade

$$i_a = \frac{V_a' - V_a}{R}$$

bestimmt, wo V_a' die angelegte Spannung in dem Anodenkreis und R

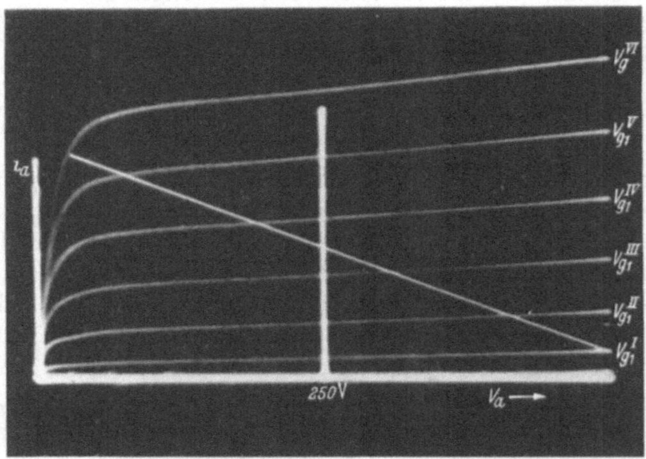

Abb. 78b. $i_a - V_a$ Kennlinien einer Penthode; Belastung mit Ohmschem Widerstand. Photographische Aufnahme mit einer Kathodenstrahlröhre.

der Belastungswiderstand ist. Es ist leicht einzusehen, daß man nur eine verzerrungsfreie Verstärkung erzielen kann, wenn i_a eine lineare Funktion von V_a in dem betrachteten Gebiet (Abb. 78b) ist, und nicht die verwickelte Form der Abb. 78a hat. Ist der Anodenkreis mit einer Selbstinduktion (Lautsprecher!) belastet, so sind Strom und Spannung nicht in Phase und die gerade Linie in Abb. 78a und b wird eine Ellipse, wie in Abb. 79 dargestellt ist. Auch hier erhält man nur eine verzerrungsfreie Verstärkung, wenn in einem gewissen Gebiet i_a eine lineare Funktion von V_a ist [202a].

Eine verzerrungsfreie Verstärkung bekommt man daher nur, wenn der Übergang von Sekundärelektronen von der Anode zum Schirmgitter und umgekehrt unterdrückt wird. Dies ist möglich durch Zwischenschaltung eines dritten Gitters auf Kathodenpotential (oder auf ein Potential in der Nähe des Kathodenpotentials), zwischen dem zweiten Gitter

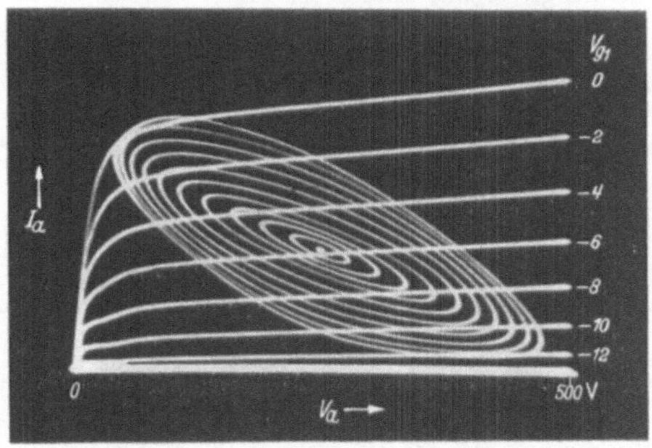

Abb. 79. i_a—V_a Kennlinien einer Penthode; Anodenkreis mit einer Selbstinduktion belastet. Photographische Aufnahme mit einer Kathodenstrahlröhre.

(Schirmgitter) und dem Steuergitter. Die Sekundärelektronen, deren kinetische Energie viel niedriger als die Energie der Primärelektronen ist, können das dritte Gitter nicht passieren und werden nach ihrer Ausgangselektrode zurückgetrieben.

Das Diagramm einer derartigen Penthode wird durch Abb. 78b dargestellt. Die Kennlinien bestehen hier aus zwei praktisch geraden Linien, die durch ein kurzes, stark gekrümmtes Stück verbunden sind.

Es gibt auch noch ein anderes Mittel, um den Übergang der Sekundärelektronen zu beseitigen, nämlich die Vergrößerung des Raumes zwischen Schirmgitter und Anode. Bei genügend großem Elektronenstrom kann durch die in diesem Raum vorhandene Raumladung ein Potentialminimum entstehen, so daß ein Potentialverlauf gefunden wird, der eine gewisse Übereinstimmung mit dem der Penthode zeigt. Ein Nachteil einer derartig konstruierten Tetrode ist aber, daß die Dimensionen größer sind und daß bei niedrigem Elektronenstrom (V_{g1} groß negativ) der günstige Effekt der Raumladung verloren geht, so daß die Kennlinie in diesem Gebiet die in Abb. 78a dargestellte ungünstige Gestalt bekommt.

Es wird nicht nur die Wirkung der Endtetrode durch den Übergang von Sekundärelektronen schädlich beeinflußt, schädlich sind die Sekundärelektronen auch bei der Verstärkung hochfrequenter Spannungen. Die Amplitude dieser Spannungen ist meistens viel kleiner, wodurch die Wirkung der Sekundärelektronen in diesem Falle ganz anderer Art ist als bei der Endtetrode. Die sog. Hochfrequenztetrode wird (oder wurde) gewöhnlich so gebraucht, daß $V_a > V_{g2}$ ist. In diesem Gebiet hat die Kennlinie $i_a - V_a$ die Form wie in Abb. 80a. Die Kennlinie läuft nicht parallel zur V_a-Achse, weil die Sekundärelektronen, die auf der nach der Kathode gekehrten Seite gelöst werden, durch die Schirmgittermaschen hindurch zur Anode gezogen werden müssen. Der Sekundärelektronenstrom vom Schirmgitter zur Anode ist daher schwer zu sättigen. Der

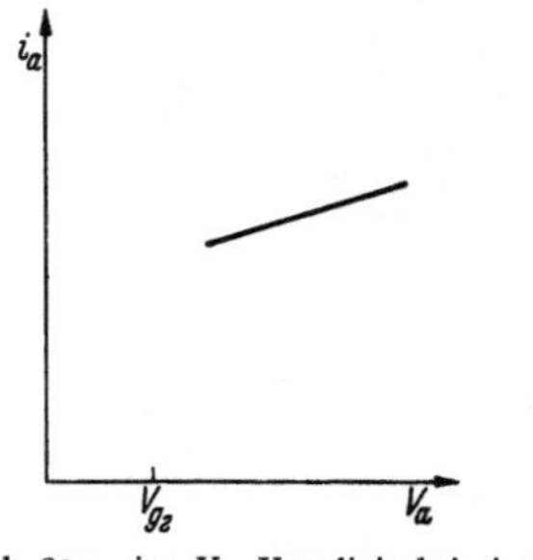

Abb. 80a. $i_a - V_a$ Kennlinie bei einer Hochfrequenztetrode.

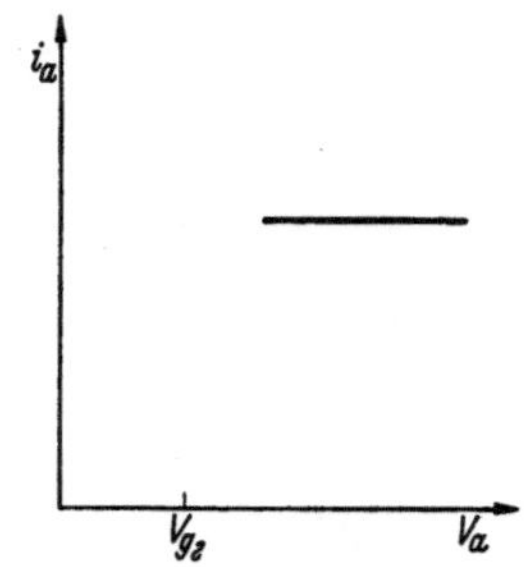

Abb. 80b. $i_a - V_a$ Kennlinie bei einer Hochfrequenzpenthode.

sog. innere Widerstand $\partial V_a / \partial i_a$ übersteigt 0,2 MΩ meistens nicht. Die Hochfrequenzröhre wird nun so gebraucht, daß Selbstinduktion und Kapazität in die Anodenleitung aufgenommen ist (wie in Abb. 88). Parallel mit diesem LC-Kreis ist die Röhre geschaltet. Ist der innere Widerstand R der Röhre niedrig, so wird der Kreis gedämpft und die Abstimmschärfe herabgesetzt.

Es ist klar, daß der innere Widerstand der Röhre vergrößert werden kann, indem der Übergang der Sekundärelektronen gehindert wird. Die Tetrode ist daher jetzt völlig durch die Hochfrequenzpenthode verdrängt worden, wobei zwischen Schirmgitter und Anode ein Bremsgitter aufgestellt ist. Der innere Widerstand der heutigen Hochfrequenzröhren ist von der Größenordnung 2 MΩ (Abb. 80b), was für Röhren in Rundfunkempfängern genügend groß ist. Ein zweiter Vorteil der Penthode gegenüber der Tetrode ist, daß das Verhältnis zwischen den Strömen nach dem Schirmgitter bzw. der Anode (i_{g2} bzw. i_a) bei der Tetrode Schwankungen zeigen kann durch die Unbestimmtheit der Oberfläche des Schirmgitters, das durch das Elektronenbombardement ziemlich hohe Temperaturen erreichen kann und dauernd einem Strom von Bariumatomen und Bariumoxydmolekülen der Oxydkathode ausgesetzt ist. Das obengenannte Verhältnis liegt bei der Penthode vollkommen fest.

Am besten wäre natürlich eine Tetrode mit Elektroden mit Oberflächen mit einem Sekundäremissionsvermögen gleich Null. Wir werden weiter sehen, daß eine derartige Oberfläche bis jetzt noch nicht bekannt ist. Bei Benutzung einer Oberfläche mit niedrigem δ hat man, zur Erhaltung einer brauchbaren Röhre, eine der obengenannten Methoden (Potentialminimum mittels Raumladung oder Bremsgitter) anwenden müssen.

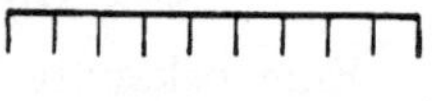

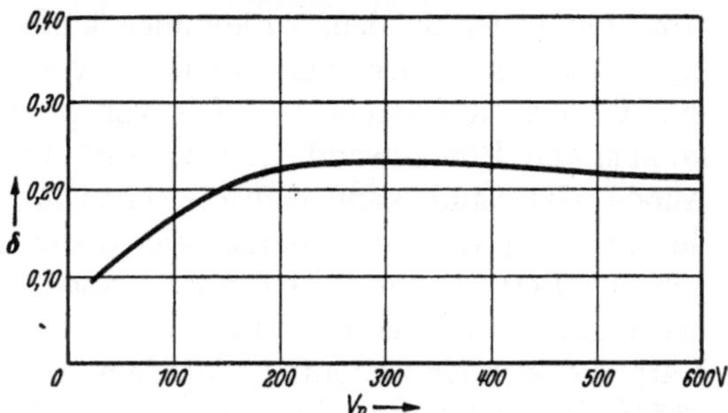

Abb. 81. Schottenanode.

Es fragt sich, welche Oberfläche man in der Tetrode am besten zur Unterdrückung der Sekundäremission benutzen kann.   Weil es sich besonders in der Endtetrode um Elektroden handelt, welche verhältnismäßig schwer belastet werden, so daß Temperatursteigerungen von 300 bis 400° C möglich sind, o soll man temperaturbeständige Oberflächen anwenden. Rußartige Oberflächen sind in dieser Hinsicht günstig; sie haben

Abb. 82. Sekundäremissionsvermögen einer mit Ruß überdeckten Schottenanode.

aber den Nachteil, für die meisten Fälle noch ein zu hohes δ zu zeigen. Eine Oberfläche, wie abgebildet in Abb. 81, ist z. B. konstruiert worden. Sie besteht aus einer Platte, auf die senkrecht Schotte angebracht worden sind; die Oberfläche ist ganz von einer Rußschicht überdeckt, welche so dünn ist, daß die Räume zwischen den Schotten nicht gefüllt werden. Abb. 82 zeigt den Verlauf von δ als Funktion von V_p*.

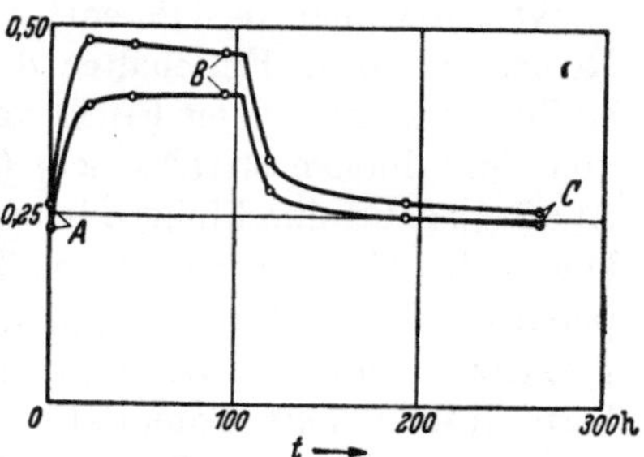

Abb. 83. Verlauf des Sekundäremissionsvermögens einer Rußoberfläche gegenüber einer Oxydkathode: AB keine Elektronen treffen die Anode, das Sekundäremissionsvermögen steigt mit der Zeit; BC die Anode wird von Elektronen getroffen, das Sekundäremissionsvermögen sinkt.

Ein weiterer Vorteil des Rußes anderen Stoffen (z. B. Metallen) gegenüber, liegt darin, daß Ruß chemisch beständig ist und eine mit der Zeit konstante Sekundärelektronenemission aufweist, wenn er in der Röhre gegenüber einer Bariumoxydkathode, von der Bariumatome (Bariumoxydmoleküle) verdampfen, gestellt ist. Es zeigt sich[143], daß der Faktor δ von Ruß konstant bleibt, wenn die Kathode, die dem Bariumatomenstrom (Bariumoxydmolekülen) ausgesetzt ist, gleichzeitig von Elektronen getroffen wird (Abb. 83). Das Verschwinden der aufgedampften Bariumschicht wird vermutlich dadurch verursacht, daß die Elektronen

---

* Nach einer unveröffentlichten Messung des Verfassers.

lokal Temperaturerhöhungen verursachen, wodurch die Bariumatome über die Oberfläche der Rußteilchen nach tieferen Schichten „migrieren".

§ 3. Die Unterdrückung des Schalteffektes [99b, 171].

Eine bekannte Erscheinung, welche einen sehr schädlichen Einfluß auf verschiedene Eigenschaften von Elektronenverstärkerröhren* ausüben kann, ist der sog. Schalteffekt.

Der Schalteffekt ist eine Erscheinung, die in allen Elektronenröhren, in denen isolierte Teile (metallische und nichtmetallische) von Elektronen getroffen werden, vorkommen kann. Als Beispiel denken wir uns eine Röhre mit einer zylindrischen Anode von Gaze**, in deren Achse die Kathode aufgestellt ist. Die von letzterer emittierten Elektronen können die Röhrenwand treffen. Auf dieses System Kathode, Gaze-Anode, Glaswand, kann man die schon in Kap. II bei der Besprechung der Messung des Sekundäremissionsvermögens isolierender Stoffe gegebenen Betrachtungen anwenden. Nach Kap. II kann die Innenwand der Glaskolben zwei Potentiale annehmen, nämlich das Potential der Kathode oder ein Potential, das dem Anodenpotential ungefähr gleich ist***. Im zweiten Falle können einige für die gute Arbeitsweise der Röhre sehr schädlichen Erscheinungen eintreten.

Die Aufladung der Glasinnenwand ist mittels eines elektrostatischen Voltmeters, das mit der metallisierten Außenwand des Glaskolbens verbunden ist, zu beobachten. Die Erscheinung trägt den Namen „Schalteffekt", weil man das Potential der Glaswand durch Verwechslung der Reihenfolge beim Einschalten der Anoden- und Kathodenspannung beeinflussen kann. Dieser Effekt kann leicht eintreten, wenn die Glaswand von einer dünnen Metallschicht (Gettermaterial), welche leitend mit der Anode (Anodendurchfuhr) verbunden ist, überdeckt ist. In diesem Falle kommt bei Einschalten der Anodenspannung die Glaswand auf Anodenpotential. Fängt durch Einschalten der Kathodenspannung die Kathode Elektronen zu emittieren an, so wird die Glaswand sich auf das benachbarte stabile hohe Potential einstellen. Wird die Kathodenspannung jedoch zuerst eingeschaltet, wobei die Anodenleitung unterbrochen ist, so besteht Kontakt zwischen Kathode und Glaswand und letztere wird beim Einschalten der Anodenspannung in dem niedrigen stabilen Zustand bleiben.

---

* In Braunschen Röhren ist der Schalteffekt, wie wir weiter sehen werden, eben erwünscht.

** Auch in Röhren mit „massiver" Anode können die hier beschriebenen Erscheinungen vorkommen, wenn es noch Löcher gibt (z. B. zwischen Anode und Stützmika), durch die die Elektronen die Glaswand erreichen können.

*** Nicht nur die Glasinnenwand, sondern alle nicht leitenden Unterteile (Mika, Glasperle usw.) können auf diese Weise aufgeladen werden. Das Sev. von Mika und Glas ist, wie Salow[219] gezeigt hat, maximal von der Größenordnung 2 bis 3. Bei $V_p \sim 50 V$ ist $\delta = 1$, so daß der Schalteffekt leicht eintreten kann, wenn Unterteile von diesen Substanzen von Primärelektronen getroffen werden.

Die positive Aufladung der Glaswand hat in verschiedener Hinsicht einen schädlichen Einfluß auf die richtige Arbeitsweise der Röhre.

Bei positiver Aufladung treffen die von der Kathode emittierten Elektronen die Glaswand. Wie wir schon öfters gezeigt haben, können

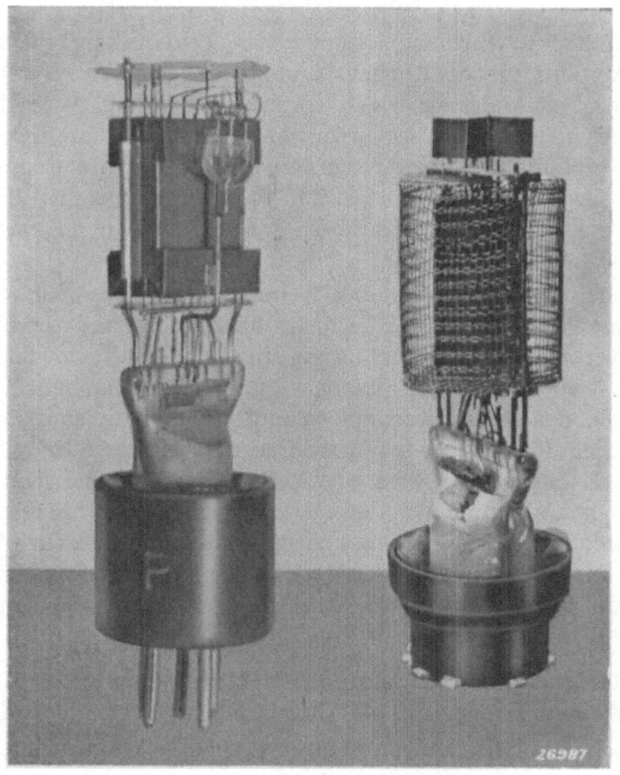

a   b

Abb. 84. a Endröhre, bei der die Mikastützen und die Glaswand abgeschirmt sind gegen Beschießung mit Elektronen mittels abschließender Metallplatten. b Endröhre, bei der das Elektrodensystem von einem Käfig auf Kathodenpotential umhüllt ist. (Nach JONKER [171].)

Isolatoren, und kann daher auch Glas, durch dieses Elektronenbombardement zersetzt werden, wodurch gasförmige Zersetzungsprodukte (Sauerstoff u. d.) freigemacht werden, die die Kathode (Oxydkathode) entaktivieren*.

Aber auch die richtige Arbeitsweise der Röhre in radiotechnischer Hinsicht kann sehr schädlich beeinflußt werden.

---

* Ist die Glaswand auf hohem Potential, so werden die Elektronen längere Wegstrecken zurücklegen, als wenn die Glaswand auf niedrigerem Potential ist. In beiden Fällen wird man verschiedene, von Gasresten herrührende, Ionenströme beobachten, und zwar im ersten Falle größere Ströme als im zweiten, weil die Ionisierungswahrscheinlichkeit im ersten Falle größer ist; siehe W. MOLTAN: Z. techn. Phys. Bd. 14 (1933) S. 346.

Zum Beispiel kann bei einer Hochfrequenzverstärkerröhre der innere Widerstand durch positive Aufladung der Glaswand erheblich herabgesetzt werden. Das bedeutet, daß ein niedriger Widerstand dem abgestimmten Kreis in der Anodenleitung parallel geschaltet wird, wodurch die Selektivität und die Empfindlichkeit des Verstärkers bedeutend verringert wird.

Eine andere Erscheinung kann bei Niederfrequenzröhren eintreten, wenn die Amplitudines der Anodenspannung sehr groß sind[180a]. Dann kann das Potential der Glaswand sich sprungartig ändern, d. h. die Wand springt vom hohen in den tiefen Zustand und umgekehrt. Die impulsartigen Spannungsänderungen verursachen, dank der immer anwesenden Kapazität zwischen Steuergitter und Glaswand, Potentialdifferenzen zwischen Steuergitter und Kathode, welche im Lautsprecher als ein knisternder Laut hörbar sind.

Der Schalteffekt ist in vielerlei Weise zu beseitigen. Man kann z. B. die Glaswand mit einer Metallschicht überdecken und diese mit der Kathode verbinden. Einfacher ist es, die Wand mit einem Stoff mit niedrigem δ zu überdecken ($\delta < 1$). Dann ist es unmöglich, daß die Glaswand in den hohen Zustand gelangt, weil in diesem Zustand die Anzahlen der Primär- und Sekundärelektronen einander gleich sein müssen. Als Bedeckung wird oft Ruß verwendet oder feinverteiltes Wolfram oder Wolframoxyd. Auch kann man die Öffnungen in der Anode, durch die Elektronen entwichen können, mit Platten (Abb. 84a) abdecken, oder man kann das ganze Elektrodensystem mit einem gazenen Zylinder, der auf Kathodenpotential gehalten wird (Abb. 84b), umhüllen.

§ 4. Unterdrückung der Sekundärelektronenemission des Gitters in einer Triode, die als Oszillator angewendet wird.

In einer Sendetriode kann die Sekundärelektronenemission des Steuergitters sehr unerwünschte Erscheinungen veranlassen. Abb. 85 zeigt die Gitterstromkennlinie einer Röhre, bei der das Gittermaterial ein δ hat, das viel größer als 1 ist (gestrichelte Linie). Nach einer kleinen Steigung fällt die Linie wieder mit wachsender V_g (V_g ist die Potentialdifferenz zwischen Gitter und Kathode). In diesem Gebiet mit fallendem i_g bildet das System Gitter-Kathode einen negativen Widerstand; die Folge kann sein, daß dieser negative Widerstand, wie wir weiter bei der Behandlung des Dynatrons ausführlicher besprechen werden, die Quelle unerwünschter Schwingungen ist.

Es ist daher wünschenswert, daß eine Senderöhre derart konstruiert wird, daß die Gitterstromkennlinie nicht fällt. Dazu muß die Sekundäremissionsfähigkeit des Gitters unterdrückt werden. Es ist aber nicht notwendig, daß sie soviel wie möglich unterdrückt wird, wie bei der Tetrode, im Gegenteil, das ist sogar unerwünscht. Wird nämlich der Faktor δ des Gitters sehr niedrig gemacht, so wird i_g so groß wie möglich;

das geht aber auf Kosten des Anodenstromes und daher der Steilheit der Röhre, so daß eine größere Steuerenergie benötigt ist. Man soll daher den Sekundäremissionsfaktor des Gitters soviel erniedrigen, daß die $i_g - V_g$ Kennlinie der V_g-Achse möglichst gut parallel läuft*; in der Praxis bedeutet dies, daß man Stoffe gebrauchen soll, deren δ_{max} ungefähr gleich 1 ist. Mit Erfolg kann man z. B. Zirkonium als Gittermaterial anwenden** (Abb. 85, Punkt-Strichlinie). Auch Wolfram und Molybdän mit einer dünnen Bedeckung von Zirkoniumoxyd zeigen einen Faktor einer geeigneten Größe. Vermutlich wird im letzten Falle das Zirkoniumoxyd vom unterliegenden Metall reduziert, wenn das Gitter während des Evakuierens der Röhre auf „hohe" Temperatur gebracht wird, so daß man ein Gitter mit Zirkoniumüberzug erhält***.

Auch durch Überzüge von Cr_2O_3 scheint das Sekundäremissionsvermögen von Gittern zu erniedrigen zu sein (DRP. 587386). Kohle kann, wie bei den Tetroden, zum gleichen Zweck verwendet werden; es zeigt sich jedoch speziell bei Senderöhren die Schwierigkeit, daß Kohlenstoff sich bei den dort vorhandenen hohen Temperaturen leicht in das unterliegende Metall löst.

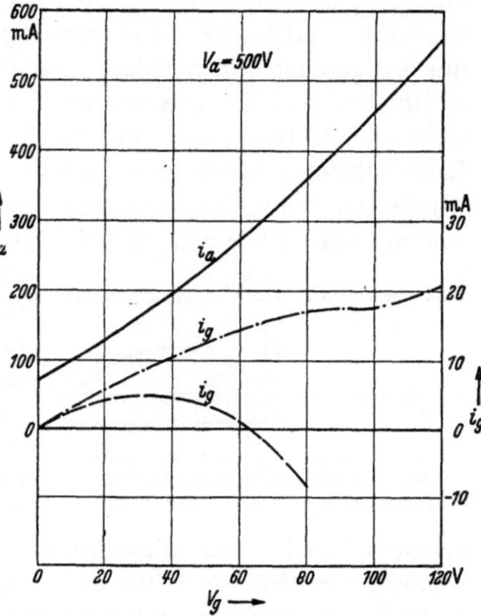

Abb. 85. Gitterstrom i_g und Anodenstrom i_a als Funktion der Gitterspannung V_g in einer Senderöhre (Philips MB 2/200) mit einem Zirkoniumgitter - - - - und mit einem Molybdängitter - - - - - -. (Nach Boumeester.)

§ 5. Sekundärelektronen in Röntgenröhren [82a].

In Röntgenröhren werden Sekundärelektronen von schnellen Primärelektronen gelöst. Wie Untersuchungen von Wagner[78a] gezeigt haben,

---

* Es könnte die Meinung bestehen, daß eine gewisse Sekundäremissionsfähigkeit des Gitters günstig ist, weil bei kleinem i_g die Belastung des Gitters klein ist. Wie van der Pol[43] gezeigt hat, ist diese Auffassung nicht richtig. Nur ein kleiner Teil der Energie der Primärelektronen wird den Sekundärelektronen übertragen. Die Belastung des Gitters wird also nicht durch das Produkt $i_g V_g$ bestimmt, sondern vielmehr durch $i_{gp} V_g$, wobei i_{gp} der primäre Elektronenstrom zum Gitter ist. Es kann also vorkommen, daß der primäre und der sekundäre Elektronenstrom einander gleich sind, also $i_g = 0$ ist, und daß das Gitter doch rotglühend ist; es sei hier auch auf Abhandlungen von Schwarzenbach[101a] und Myers[158a] verwiesen.

** Zirkonium hat außerdem die günstige Eigenschaft, daß es leicht Gasreste aufnimmt.

*** Boumeester, H. G.: Philips techn. Rdsch. Bd. 2 (1937) S. 115.

gibt es unter diesen Sekundärelektronen viele schnelle (in der Energieverteilungskurve tritt ein Maximum bei 90% der Energie der Primärelektronen hervor), die lange Wegstrecken zurücklegen und auf zahlreiche Weisen störende Effekte hervorrufen können. Sie können die Glaswand aufladen, an ungewünschten Stellen Röntgenstrahlen anregen, Elektrolyse des Glases verursachen usw. Beseitigung der Sekundärelektronen scheint nur auf geometrischem Wege möglich: es wird schwer sein, ein Material zu finden, das die gewünschte Strahlung gibt und wenig Sekundärelektronen*. BOUWERS und VAN DER TUUK[82a] haben dabei eine Anzahl Konstruktionen angegeben, wobei im besonderen darauf achtgegeben wurde, daß keine Sekundärelektronen den Raum zwischen Kathode und Anode verlassen können. In Abb. 86 ist eine flache Kathode K und Anode A

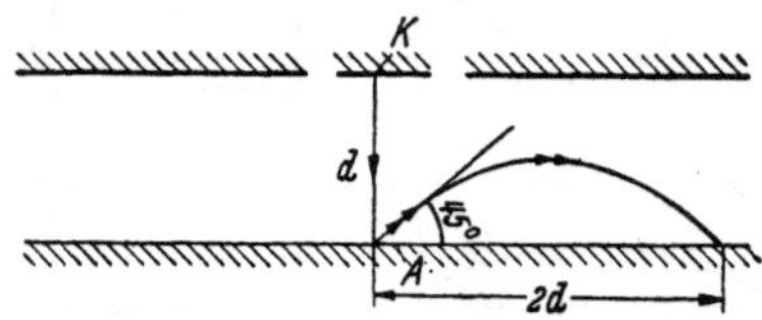

Abb. 86. Beseitigung der Einflüsse von Sekundärelektronen in Röntgenröhren. (Nach BOUWERS und VAN DER TUUK.)

dargestellt. Die schnellsten „Sekundärelektronen" haben eine Energie gleich der der Primärelektronen. Die größte Reichweite haben diejenigen, die mit einem Winkel von 45° von der Anode reemittiert werden. Wenn nun, nach BOUWERS und VAN DER TUUK, der Radius der Anode so groß gemacht wird, daß diese reflektierten Primärelektronen die Anode wiederum treffen, so geben diese keine Schwierigkeiten mehr. Eine einfache Rechnung lehrt, daß der Radius der Anode dazu zweimal den Abstand zwischen Kathode und Anode sein soll.

Ausgehend von diesem Prinzip haben BOUWERS und VAN DER TUUK verschiedene Konstruktionen angegeben.

B. Technische Anwendungen, bei denen eine große sekundäre Emissionsfähigkeit erwünscht ist.

§ 6. Die Sekundäremissionsfähigkeit von Leuchtsubstanzen in Kathodenstrahlröhren.

Bei der Besprechung des Schalteffektes ist gezeigt worden, daß eine hohe Sekundäremissionsfähigkeit ($\delta > 1$) der Glaswand einen schädlichen Einfluß auf die Wirkungsweise einer Verstärkerröhre haben kann, weil die Wand in diesem Falle aufgeladen und als unerwünschte Elektrode von Elektronen getroffen werden kann.

Es ist deutlich, daß in der Kathodenstrahlröhre, wo der Fluoreszenzschirm von Elektronen getroffen werden muß, damit er aufleuchtet,

---

* Wir sprechen hier von Sekundärelektronen; es handelt sich aber besonders um die Elektronen, deren Energie ungefähr gleich V_p ist, d. h. es sind eigentlich unelastisch gestreute oder „rückdiffundierte" Primärelektronen.

der hohe Zustand erwünscht ist. Wir werden zuerst diskutieren, welches Potential der Schirm annehmen kann. Zahlreiche Forscher haben sich mit diesem Problem beschäftigt[110, 111, 148, 159, 201, 202, 206]*.

Abb. 87 stellt die Sekundäremissionsfähigkeit einer Leuchtsubstanz als Funktion der Energie der auftreffenden Elektronen dar. In Abb. 87b ist die Potentialdifferenz zwischen dem Schirm und der sekundärelektronensammelnden Anode als Funktion des Potentials der Anode gegeben. In dieser Abbildung ist der Fall betrachtet, daß das Anodenpotential hoch ist und allmählich sinkt. Wenn $V_a > V_p(B)$**, so besteht eine Potentialdifferenz zwischen Anode und Schirm, weil das Potential des letzteren $V_p(B)$ nicht übersteigen kann, da ja in diesem Gebiet $\delta < 1$ ist***. Wenn V_a sinkt, so wird im Gebiet BA nur eine kleine Potentialdifferenz zwischen Anode und Schirm gefunden, wie in Kap. II schon behauptet wurde. Ist $V_a < V_p(A)$, so fällt das Schirmpotential auf Kathodenpotential, so daß der Schirm nicht von Elektronen getroffen werden kann.

Steigt V_a vom Kathodenpotential ab, so würde das Schirmpotential sich nicht ändern, wenn keine anderen Faktoren eine Rolle mitspielten; denn das Nullpotential ist ein stabiler Zustand des Schirmes. Dank dem Vorhandensein von Ionen im Entladungsraum oder der Verbindung von Schirm mit Anode mit einem OHM-schen Widerstand besteht die Möglichkeit, daß der Schirm doch dasjenige Potential annimmt, bei dem Sekundär- und Primärelektronenzahlen einander gleich sind; in der Abb. 87c ist die Möglichkeit mittels drei auf der Abszisse senkrecht stehender gerader Linien angegeben worden†. Im Punkte B sind die Abb. 87b und c analog.

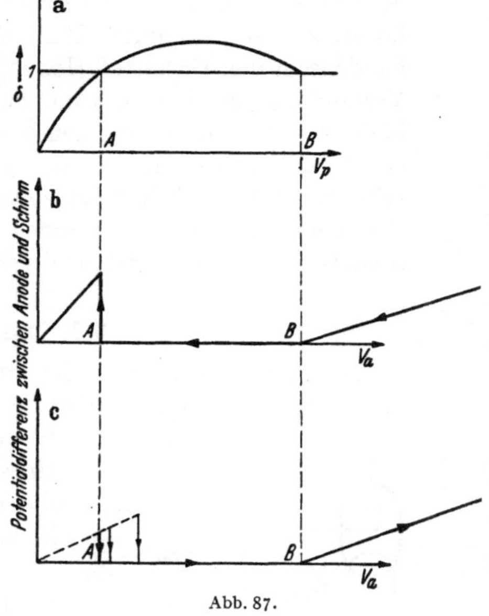

Abb. 87.

Am günstigsten ist es, wenn das Schirmpotential möglichst hoch ist, weil dann die auffallenden Elektronen die höchste Energie haben, so daß der Schirm am stärksten aufleuchtet. Die Potentialdifferenz zwischen

---

* Die Methode, nach der das Schirmpotential gemessen wird, ist ausführlich in Kap. II besprochen worden.

** Wir nennen hier $V_p(B)$ den Wert von V_p im Punkt B.

*** Man würde erwarten, daß im Gebiet $V_a > V_p(B)$ die Linie mit der Abszisse einen Winkel von 45° bildet. Der Winkel ist jedoch kleiner, weil die Sekundäremissionsfähigkeit eines Isolators mit der Feldstärke des absaugenden Feldes zunimmt[201].

† Drei Möglichkeiten werden wir weiter unten diskutieren.

Anode und Schirm muß also möglichst klein sein; der Zustand in dem Bereich AB ist daher der Idealzustand.

Der Bereich dieses Idealzustandes kann verlängert werden, indem das Sekundäremissionsvermögen des Schirmmaterials erhöht wird, wozu es zahlreiche Mittel gibt*. Die Vergrößerung des Sekundäremissionsvermögens hat zur Folge, daß $V_p(B)$ nach größeren Werten von V_p verschoben wird und $V_p(A)$ nach kleineren Werten. Das Schirmpotential wird daher über einer größeren Strecke von V_a dem Anodenpotential gleich sein.

Wenn V_a vom Kathodenpotential ab allmählich gesteigert wird, ist es, wie schon gesagt, nicht sicher, ob bei $V_a = V_p(A)$ der Schirm in den hohen Zustand kommt. Dies kann befördert werden durch das Vorhandensein von Gasresten (Ionen) in der Röhre oder durch eine leitende Verbindung des Schirmes mit der Anode. Diese Verbindung kann gebildet werden, indem die Leuchtsubstanz auf einen dünnen durchsichtigen Metallfilm gespritzt wird, der durch Verdampfung auf die Innenseite der Röhre niedergeschlagen wird. Der Film muß auf irgendeine Weise mit der Anode verbunden sein. Maßnahmen dieser Art sind besonders bei Röhren mit niedriger Betriebsspannung notwendig.

§ 7. Das Dynatron.

Die erste Anwendung der Sekundärelektronenemission wurde von HULL (1916) angegeben. HULL[21a] hat eine Röhre hergestellt, bei der die Sekundärelektronenemission zur Erhaltung eines negativen Widerstandes benutzt wird; die Röhre hat den Namen Dynatron bekommen.

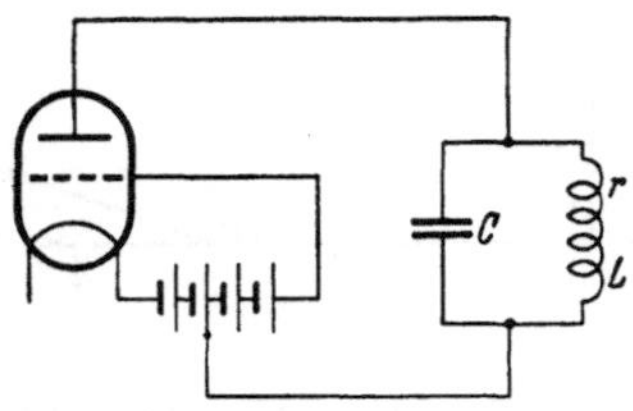

Abb. 88. Schaltschema des Dynatrons.

Als Dynatron wird gewöhnlich eine Triode gebraucht mit dem Gitter auf positivem, konstantem Potential. Der Anodenstrom i_a zeigt als Funktion der Anodenspannung V_a einen Verlauf wie in Abb. 11 angegeben ist. In der Strecke AB nimmt i_a mit wachsendem V_a ab; in diesem Gebiet zeigt die Röhre also einen negativen Differentialwiderstand ($\partial V_a/\partial i_a < 0$).

Es besteht nun die Möglichkeit, mit Hilfe dieses negativen Widerstandes elektrische Schwingungen anzuregen. In Abb. 88 ist eine Schaltung dargestellt, bei der in der Anodenleitung ein Schwingungskreis aufgenommen ist (Selbstinduktion L und Kapazität C parallel geschaltet). Wenn nun der Absolutwert des negativen Widerstandes $|R|$ kleiner

---

* Die Forderung, die man der δ-erhöhenden Substanz stellen muß, ist, daß das Leuchtvermögen des Fluoreszenzmaterials nicht herabgesetzt wird. Ein Mittel, das Sekundäremissionsvermögen zu steigern, ist die Beimischung von Oxyden von Alkali- oder Erdalkalimetallen. Auch kann man den Film mit einem dünnen Caesiummetallfilm überdecken und diese Schicht nachher oxydieren.

bleibt als der Quotient L/Cr (r ist OHMscher Widerstand der Selbstinduktion), so wird die Dämpfung des ganzen Systems negativ und die Amplitude der eingesetzten Schwingungen nimmt zu. Die Amplitude ist dadurch begrenzt, daß der Widerstand R nur in einem bestimmten Bereich negativ ist.

Das Dynatron ist ein sehr einfacher Oszillator, wird aber wenig angewendet. Dies wird dadurch verursacht, daß die Amplitude der Schwingungen vom Sekundäremissionsvermögen der sekundäremittierenden Elektrode abhängig ist*. Es ist noch nicht gelungen, eine Oberfläche herzustellen, deren Sekundäremissionsfähigkeit mit der Zeit genügend konstant ist, damit der Oszillator den Anforderungen hinsichtlich konstanter Arbeitsweise (Frequenz usw.) entspricht.

§ 8. Elektronenvervielfacher mit einer Stufe.

Weitaus die wichtigste Anwendung der Oberfläche mit großem Sekundäremissionsvermögen findet man in den Elektronenvervielfachern.

Der Elektronenvervielfacher besteht im Prinzip aus einer primären Kathode und einer oder mehreren sekundäremittierenden Elektroden.

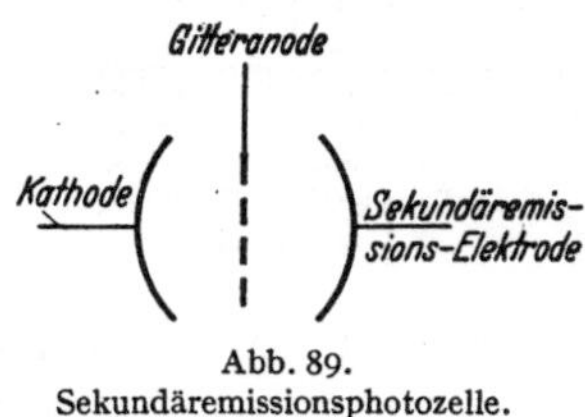

Abb. 89.
Sekundäremissionsphotozelle.

Ein Sekundäremissionsvervielfacher oder, genauer gesagt, eine Photozelle mit Sekundäremissionsverstärkung ist von PENNING und KRUITHOF[113] und von IAMS und SALZBERG[109] angegeben worden; sie besteht aus einer Photokathode, einer sekundäremittierenden Elektrode und einer gitterartigen Anode, welche die Sekundärelektronen sammelt (Abb. 89). Die Photokathode, und gleichfalls die sekundäremittierende Elektrode, besteht in dieser Zelle aus der Elektrode [Ag]—Cs_2O, Ag, Cs—Cs**. Die von der Kathode gelösten Elektronen werden zum Teil von der Anode eingefangen, der größte Teil aber wird durch die Maschen fliegen und die sekundäremittierende Elektrode treffen; die dort gelösten Sekundärelektronen werden von der Anode eingefangen. Wenn der von der Kathode gelöste Elektronenstrom i_k ist, von diesem Strom ein Bruchteil S eingefangen wird und das Sekundäremissionsvermögen δ ist, so ist der totale Strom nach der Anode:

$$i_a = S\,i_k + \delta\,(1 - S)\,i_k.$$

Die Verstärkung i_a/i_k ist also gleich:

$$S + \delta\,(1 - S).$$

---

* BARKHAUSEN, H.: Elektronenröhren, III. Teil, S. 71. Leipzig 1935.
** Mit diesem Symbol wird bekanntlich eine metallische Silberunterlage gemeint, die mit einer Schicht von Caesiumoxyd mit eingebauten Silber- und Caesiumatomen und an der Oberfläche adsorbierten Caesiumatomen bedeckt ist. Letztere liefern die Photoelektronen, das Caesiumoxyd liefert die Sekundärelektronen.

§ 9. Vervielfacher mit mehreren Stufen. Modell von P. T. FARNSWORTH.

Von FARNSWORTH[99a] sind verschiedene Modelle von Elektronenvervielfachern einfachen inneren Aufbaus beschrieben worden, in denen mit Hilfe eines Kunstgriffes die gleiche sekundäremittierende Elektrode öfters von den Sekundärelektronen getroffen werden kann.

Abb. 90 zeigt eine dieser von FARNSWORTH gegebenen Anordnungen. Der innere Aufbau besteht aus zwei Prallelektrodenplatten P und einer zylinderförmigen Anode A. Eine Magnetspule M dient zur Abbildung der aus einer der Anoden gelösten Sekundärelektronen auf der zweiten. Zwischen die Platten P wird eine Hochfrequenzwechselspannung angebracht, die die aus der einen Platte lichtelektrisch gelösten Sekundär-

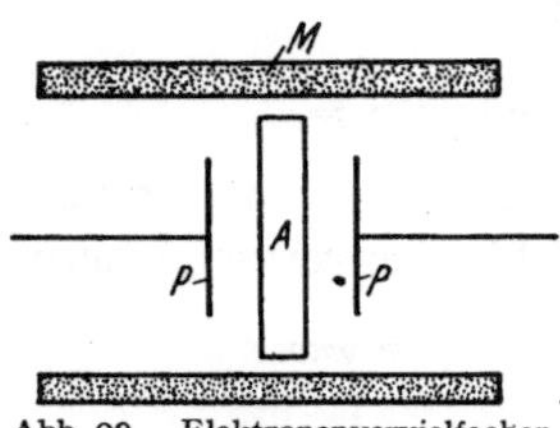

Abb. 90.   Elektronenvervielfacher nach P. T. FARNSWORTH[99a].
P Prallelektroden; A Anode; M Magnetspule.

elektronen auf die gegenüberliegende wirft, worauf in der nächsten Phase die dort gelösten Sekundärelektronen wieder auf die erste Anode zurückkommen usw.*. Die Anode hat ein derartiges Potential, daß die hin und herschwingenden Elektronen durch ein radial nach außen gerichtetes Feld nach der Zylinderwand gezogen und dort gesammelt werden. Der einfache innere Aufbau ist ein Vorteil dieses Verstärkers, ein Nachteil ist aber, daß nur derjenige Teil der Photoelektronen verstärkt wird, der in der günstigen Phase der Wechselspannung emittiert wird. Nach einer Untersuchung von HENNEBERG, ORTHUBER und STEUDEL[122a] werden diejenigen Photoelektronen noch mitverstärkt, die innerhalb einer Phasendifferenz von 65° emittiert werden.

Nach Angabe von FARNSWORTH ist es möglich, mit der obenbeschriebenen Anordnung einen Verstärkungsgrad von 10^6 zu erhalten. WEISS[136], der gleichfalls Versuche mit dem FARNSWORTHschen Gerät durchgeführt hat, meint jedoch, daß nur eine 1000fache steuerbare Verstärkung erreicht werden kann. Nach Angabe des letzteren Verfassers setzt eine Selbsterregung des Vervielfachers leicht ein, wodurch die sekundären Ströme stark wachsen und die Röhre zerstört werden kann**.

---

* Eine der Prallanoden soll also photoelektrisch empfindlich sein, beide Prallanoden sollen aber sekundäremissionsfähig sein.

** Die innere Konstruktion dieser Röhre ist einem von PENNING beschriebenen Manometer ähnlich [Physica, Haag Bd. 4 (1937) S. 71]. Diese Manometerröhre besteht, ebenso wie der FARNSWORTHsche Verstärker, aus zwei Platten, die als Kathode dienen, in deren Mitte eine ringförmige Anode aufgestellt ist, so daß die Flächen der Platten durch den Ring parallel sind. Außerdem ist ein koaxiales Magnetfeld angelegt. Die von den Platten gelösten Elektronen werden lange Wegstrecken zurücklegen, bevor sie die Anode treffen, so daß die Wahrscheinlichkeit eines Zusammenstoßes mit evtl. vorhandenen Gasmolekülen groß ist. Es zeigt sich, daß in einer derartigen Röhre eine Gasentladung entstehen kann, wenn der Gasdruck von der Größenordnung 10^{-5} mm ist, so daß eine solche Röhre als Vakuummesser

Eine andere, ebenso von FARNSWORTH angegebene Anordnung wird in Abb. 91 gezeigt. Sie besteht aus einem Glasrohr, dessen Innenwand mit einer sekundäremissionsfähigen Widerstandsschicht, an der ein Potentialgefälle steht, überdeckt ist. Koaxial ist ein Faden auf hohem positivem Potential aufgestellt. Die von irgendeiner Kathode emittierten Elektronen treffen die Widerstandsschicht, wo Sekundärelektronen gelöst werden. Diese werden durch das Potentialgefälle der Widerstandsschicht beschleunigt

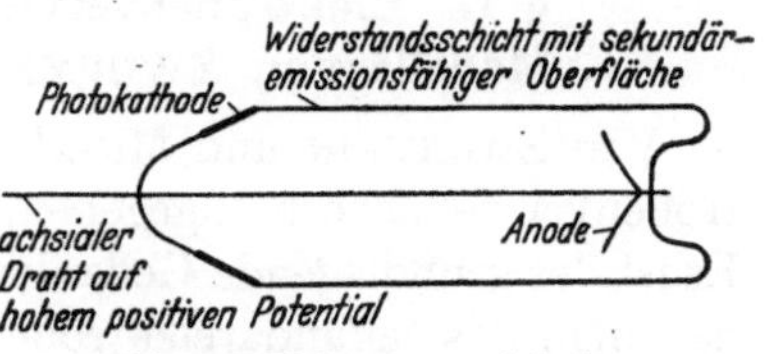

Abb. 91. Elektronenvervielfacher nach P. T. FARNSWORTH[99 a].

und beschreiben, dank der Anwesenheit des Fadens, eine zickzackartige Bahn, um schließlich die Anode zu erreichen. Durch die mannigfaltigen Zusammenstöße mit der Schicht wird der Elektronenstrom verstärkt. Auch diese Anordnung scheint für praktische Zwecke nicht brauchbar zu sein.

§ 10. Elektronenvervielfacher mit mehreren Stufen. Modell von WEISS[136].

In Abb. 92 ist ein von G. WEISS konstruierter Elektronenvervielfacher dargestellt. Er besteht aus einer photoempfindlichen Kathode K und mehreren sekundäremissionsfähigen Netzen N, die hintereinander stehen und deren Potential höher positiv wird bei Bewegung von der Kathode nach der Anode. Die Wirkung ist leicht zu verstehen: die von der Kathode gelösten Photoelektronen (eine andere Art von Elektronenlösung ist natürlich auch möglich) treffen das Netz N_1, fliegen zu einem Teil durch die Maschen hindurch, der andere Teil trifft das Netz und wird

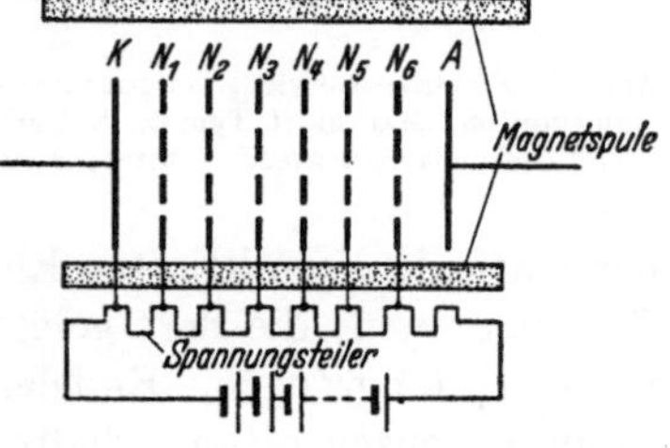

Abb. 92. Elektronenvervielfacher nach WEISS[135]. K Kathode; N Netze; A Anode.

mit δ multipliziert, bei N_2 geschieht ähnliches usw., bis alle Elektronen die Anode A treffen. Das Anbringen einer magnetischen Linse (Magnetspule) oder einer elektrostatischen Linse ist notwendig, damit die Elektronen konzentriert werden. Nach Angabe des Erfinders dieses Multiplikators ist es möglich, bei einer Gesamtspannung von 2000 V und 14 Gittern einen Verstärkungsgrad von 10^8 zu erzielen.

Die Konstruktion dieser Röhre ist ziemlich einfach. Die hier beschriebene Anordnung hat jedoch den Nachteil, daß die Gittermaschen einen Verlust verursachen, so daß man eine größere Anzahl Stufen und ein

---

bei niedrigen Drucken verwendet werden kann. Es ist sehr wohl denkbar, daß die obenerwähnte Selbsterregung durch eine derartige Entladung mit verursacht wird; es ist klar, daß in diesem Falle von einem gesteuerten Elektronenstrom nicht mehr die Rede sein kann.

höheres Potential zur Erhaltung eines bestimmten Verstärkungsgrades benötigt.

§ 11. Elektronenvervielfacher mit mehreren Stufen.
Modelle von ZWORYKIN und Mitarbeitern [137, 138, 214].

Von ZWORYKIN und Mitarbeitern sind zahlreiche Modelle von Elektronenvervielfachern angegeben, die in der Praxis oft verwendet werden. Es ist der grundlegende Gedanke bei den Konstruktionen von ZWORYKIN, daß man das sekundärelektronenabziehende Feld derart ausbilden muß, daß die Elektronen einigermaßen konzentriert auf die nächste sekundäremittierende Platte fallen.

Abb. 93 und 94 geben die einfachsten, mit zwei Stufen arbeitenden Vervielfacher. In der ersten Anordnung (sog. L-Typus) werden die von

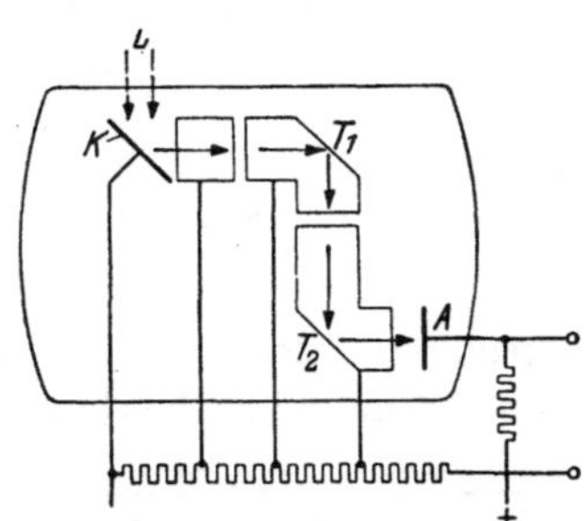

Abb. 93. Elektronenvervielfacher nach ZWORYKIN, MORTON und MALTER (L-Typus). K Kathode; $T_1 T_2$ sekundäremittierende Platten; A Anode.

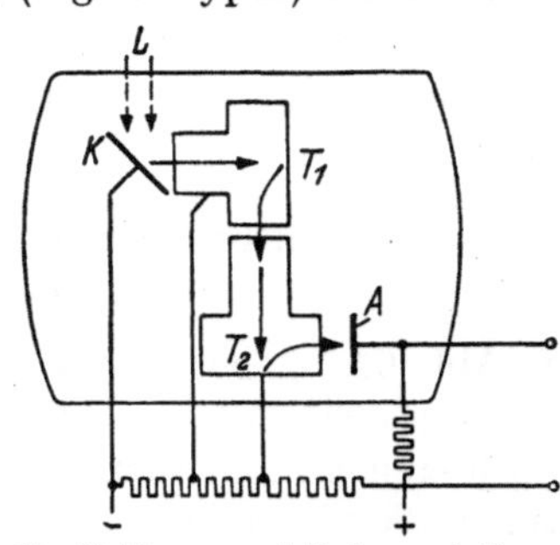

Abb. 94. Elektronenvervielfacher nach ZWORYKIN, MORTON und MALTER (T-Typus).

der Kathode K emittierten Elektronen zur sekundäremittierenden Platte T_1 hingezogen; die dort gelösten Sekundärelektronen werden zur Elektrode T_2 hingezogen. Endelektrode ist die Anode A. Wie die obenerwähnte Konzentration erhalten wird, ist in der Abbildung zu sehen: das Gebiet, in dem die verschiedenen Unterteile aneinander grenzen, bildet eine elektrostatische Linse, welche die Elektronen konzentriert. In ähnlicher Weise arbeitet die in Abb. 94 dargestellte Anordnung (T-Typus).

Es ist klar, daß der innere Aufbau eines Vervielfachers des L- oder T-Typus mit mehreren Stufen eine Röhre sehr großer Dimensionen geben würde. Viel kleiner ist eine Konstruktion, bei der die Elektronen mittels eines auswendig angelegten Magnetfeldes abgebogen werden. Abb. 95 zeigt das Prinzip: Die Kathode K emittiert wieder die Primärelektronen, die sekundäremittierenden Platten sind mit T_1, T_2, T_3 ... angegeben worden*. Gegenüber den Platten T_1 ... sind die Platten A_1, A_2 ... montiert; die Schaltung des Apparates wird in der Weise hergestellt, daß die Platte T_{n+1} mit der Platte A_n verbunden ist. Die Potentialdifferenz zwischen zwei nebeneinanderliegenden Platten ist von der

---

* Das Prinzip dieser Anordnung wurde in 1919 von J. SLEPIAN angegeben (USA.-Pat. 1 450 265).

Größenordnung 100 bis 200 V. Senkrecht zu der Fläche der Zeichnung ist ein Magnetfeld angelegt, das die Elektronen zwingt, in zykloidförmigen Bahnen zu laufen. Bei gegebener elektrischer Feldstärke wird die Stärke des Magnetfeldes derart gewählt, daß die von den Platten S emittierten Elektronen die Mitte der nächstfolgenden Platte treffen. Es zeigt sich,

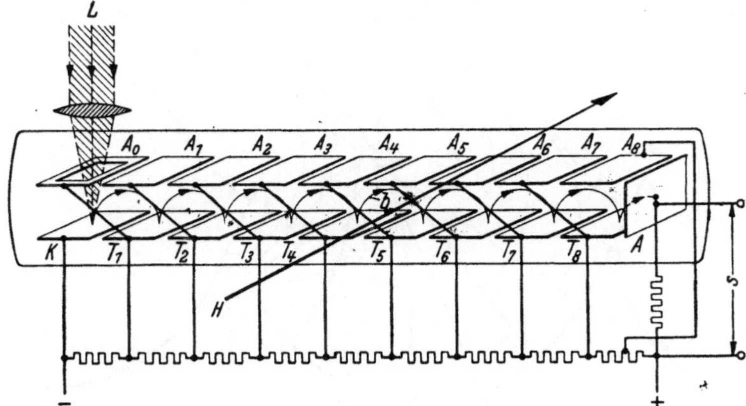

Abb. 95. Elektronenvervielfacher nach Zworykin, Morton und Malter mit magnetischer Ablenkung. K Kathode; $T_1 T_2 \ldots$ sekundäremittierende Platten; $A_1 A_2 \ldots$ Hilfsanoden; A Endanode.

daß eine Gruppe von vier Platten eine elektrische Linse bildet, die die Elektronen konzentriert, so daß auch bei einer sehr großen Plattenzahl (10) keine Gefahr besteht, daß ein Teil der Elektronen die nächste Elektrode nicht treffen wird. Bei dieser Röhre ist die Richtung des Magnetfeldes

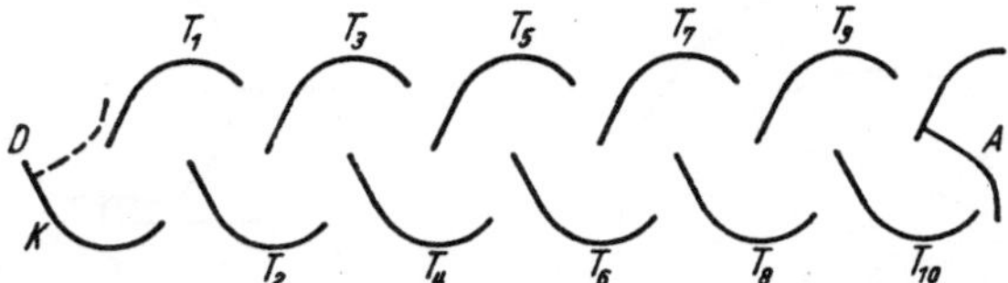

Abb. 96. Elektronenvervielfacher nach Zworykin und Rajchmann [214].

hinsichtlich der Röhre sehr kritisch. Für praktische Zwecke ist sie daher ungünstig. Einfacher ist eine neuere, von Zworykin und Rajchman[214] angegebene Konstruktion, bei der nur eine elektrostatische Abbiegung der Elektronen benutzt wird. Die Anordnung wird in Abb. 96 wiedergegeben. Die Kathode ist mit K angegeben, die sekundäremittierenden Elektroden mit $T_1 \ldots T_n$. Die Elektronen beschreiben Zickzackbahnen von K nach T_1, von T_1 nach T_2 usw. Die Form der Elektroden ist so gewählt, daß die gewünschte Konzentration der Elektronen erhalten wird. Abb. 97 zeigt mehrere Elektronenbahnen, woraus ersichtlich ist, welche Bahnen die von verschiedenen Punkten emittierten Elektronen zurücklegen.

Es sei hier auch noch auf eine von Teves[221] konstruierte Photozelle verwiesen, wo die photoempfindliche Oberfläche auf die Innenseite eines

Glasballons gebracht und die Verstärkeranordnung (nach RAJCHMAN-schem Modell) in einem zylinderförmigen Ansatz montiert ist (Abb. 98).

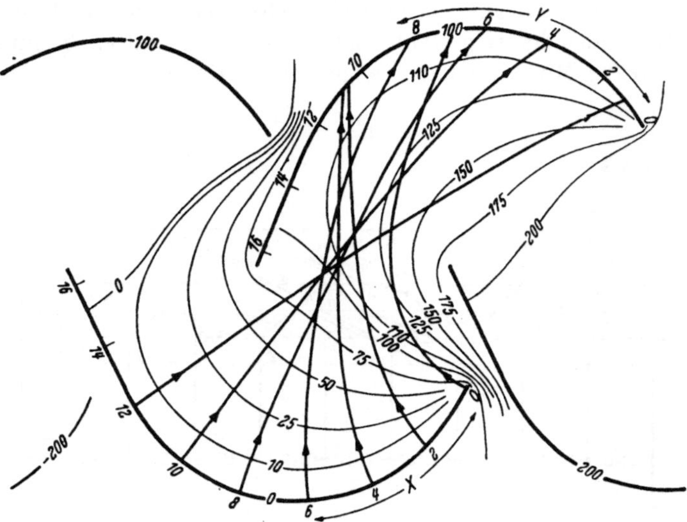

Abb. 97. Elektronenbahnen (Linien mit Pfeilpunkten) im Vervielfacher nach ZWORYKIN und RAJCHMANN; die schwachen Linien sind Äquipotentialflächen.

Auch von KUBETZKY[155a] sind einige Konstruktionen für Elektronenvervielfacher angegeben worden, die sich nur wenig unterscheiden von den ZWORYKINschen Modellen.

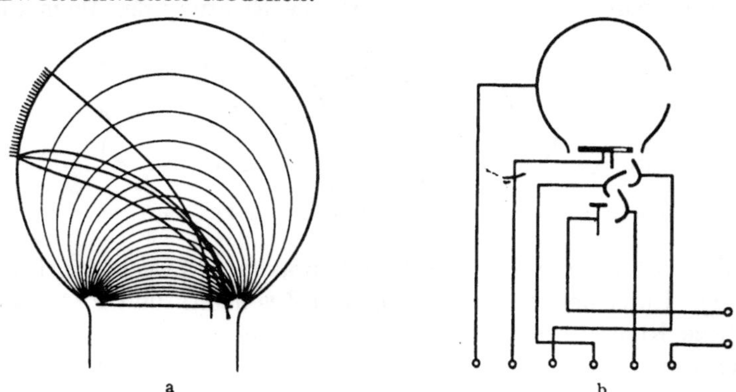

a   b

Abb. 98 a u. b. a Bahnen der Photoelektronen zwischen einer kugelförmigen Photokathode und einer flachen Anode (die schwachen Linien sind Äquipotentiallinien). Die Photokathode wird auf die Anode in verkleinertem Maßstab abgebildet. Die aus dem schraffierten Teil der Photokathode freigemachten Elektronen fliegen durch die Öffnung der Anode und werden im dahinter aufgestellten Multiplikatorsystem vervielfacht. b Durchschnitt des Systems. (Nach TEVES[221].)

§ 12. Der „Dunkelstrom" in Elektronenvervielfachern.

Es wurde erwartet, daß man bei Ausbreitung der Anzahl Stufen eine willkürlich große Verstärkung erhalten könnte. Das ist aber nicht möglich. Außer den Elektronen, die photoelektrisch von der Kathode gelöst werden, können noch solche anderer Herkunft vorhanden sein. Wir werden diese Elektronen betrachten und Mittel angeben, sie zu beseitigen. Diese Frage ist besonders von RAJCHMAN [185] studiert worden.

Der „Dunkelstrom" besteht — oder kann bestehen — aus folgenden Teilströmen:

1. Einem Strom, der durch ungenügende Isolation der verschiedenen Zuleitungen, also einen Verluststrom, verursacht wird.

2. Strömen, die durch die Bildung von Ionen im Entladungsraum verursacht werden.

3. Durch das elektrostatische Feld verursachter kalter Elektronenemission der Elektroden.

4. Thermischer Elektronenemission der Photokathode bzw. von den sekundäremittierenden Elektroden.

Der erste Störungsstrom ist durch gute Isolation zu beseitigen. Der zweite Strom ist viel komplizierterer Art. Er tritt besonders deutlich

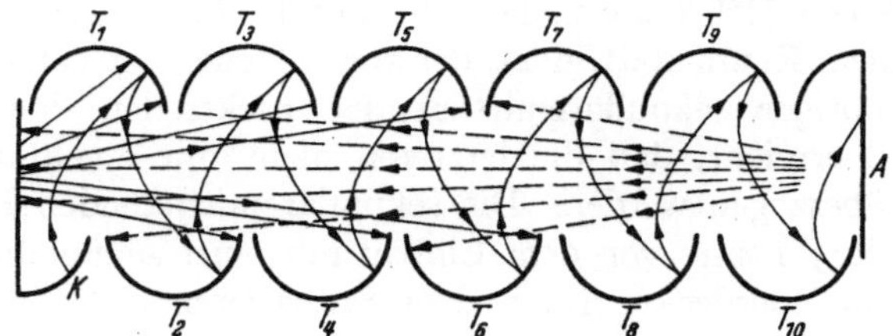

Abb. 99. Bahnen von Elektronen ——— und positiven Ionen ------ im elektrostatischen Vervielfacher. (Nach RAJCHMANN.)

in der Verstärkeranordnung, wie abgebildet in Abb. 99*, auf. Die Elektronenbahnen sind hier mittels gezogener Linien angegeben. Die Ionen entstehen irgendwo im Entladungsraum und werden nach den Elektroden auf niedrigem Potential hingezogen, wobei sie den durch gestrichelte Linien angegebenen Bahnen folgen. Sie können dort wieder neue Elektronen lösen. Einen besonders schädlichen Einfluß haben natürlich die Ionen, die die Kathode erreichen, weil die dort gelösten Elektronen wieder multipliziert werden. Nach Angabe von RAJCHMAN kann in einer Röhre mit gutem Vakuum ein Dunkelstrom von 6 mA gefunden werden. Der durch Ionen verursachte zusätzliche Ionenstrom kann dadurch erheblich herabgesetzt werden, daß man den inneren Aufbau so herstellt, daß die Ionen die Photokathode nicht erreichen können, sondern von einer Elektrode in der Umgebung des Platzes, wo sie entstehen, eingefangen werden. Dies gelingt mittels der in Abb. 96 gegebenen Konstruktion. Die Platten haben eine derartige Form, daß die Ionen die Kathode nicht mehr erreichen können, weil sie von einer der Elektroden T eingefangen werden, bevor sie die Kathode erreichen. Außerdem ist es günstig, wenn die Elektroden mit einem Seitenstück versehen sind, so daß die Elektronen nicht aus dem von dem Elektrodensystem begrenzten Raum entweichen können. Die Ionen, die möglicher-

---

* Diese Anordnung ist gleichfalls von RAJCHMAN angegeben worden.

weise im Raum zwischen dem Elektrodensystem und der Glaswand entstehen, kann man unschädlich machen, indem man um das Elektrodensystem herum senkrecht auf der Achse der Röhre Schotten anbringt, die den Raum zwischen Elektroden und Glaswand abschließen.

Die kalte Elektronenemission wird hauptsächlich an *den* Stellen vorhanden sein, wo die Elektroden scharfe Ränder und Punkte haben. Diese sollen möglichst gut vermieden werden.

Schließlich bleibt die thermische Elektronenemission, im besonderen die Emission der Photokathode. Die drei eben genannten störenden Ströme können durch eine geeignete Konstruktion reduziert werden. Mit der thermischen Emission ist das nicht möglich. Sie kann natürlich durch Betrieb der Röhre bei niedrigen Temperaturen erniedrigt werden; wenn das nicht möglich ist, so kann man zur Verkleinerung der thermischen Emission jedenfalls vermeiden, daß die sekundäremittierenden Platten thermisch Elektronen emittieren können. RAJCHMAN hat zu diesem Zweck eine Röhre konstruiert, bei der das Präparieren der Photokathode in einem Raum stattfindet, der abgeschlossen ist von den Raum, in dem die übrigen sekundäremittierenden Elektroden sich befinden. Dadurch wird erreicht, daß die letzteren nicht mit einem Belag von Alkalimetall überzogen werden. Die sekundäremittierenden Elektroden wurden von RAJCHMAN vor dem Einbau mit einer sekundäremissionsfähigen Schicht überdeckt. Nach dem Präparieren der Photokathode wurden die beiden Räume wieder verbunden durch Verschiebung eines Glimmerplättchens. Noch einfacher ist eine von TEVES[221] angegebene Methode, bei der die sekundäremittierenden Elektroden aus Kupfer bestehen, das mit einer Schicht Kupferoxydul überzogen ist. Diese Schicht enthält so große Mengen freien Sauerstoffes, daß das Caesium völlig oxydiert wird, so daß die überdeckten Elektroden sekundäremissionsfähig sind, aber praktisch nicht thermisch emittieren können. Die Photokathode ist mit einer Silberoxydschicht überzogen und enthält einen geringen Überschuß Sauerstoff, so daß die für die photoelektrische Emission notwendige Quantität freien Caesiums nach dem Präparieren zurückbleibt (Kap. IV).

Mit einem Multiplikator, bei dem die obengenannten Vorkehrungen getroffen sind, gelingt es sehr kleine Photoströme zu beobachten. Nach RAJCHMAN wird ein Photostrom von der Größenordnung des Dunkelstromes mittels einer Beleuchtung von $2,5 \times 10^{-11}$ Lumen bei einer Temperatur der Photokathode von $-28°$ C angeregt. Der von der Kathode emittierte Photostrom ist dann von der Größenordnung 1000 Elektronen pro Sekunde.

§ 13. Die Schwankungen in dem von einem Elektronenvervielfacher abgegebenen Strom.

Sehr wichtig für die Praxis ist die Größe der Schwankungen in dem von einem Elektronenvervielfacher abgegebenen Strom. Die Größe der

Schwankungen bestimmt, inwiefern in irgendeiner Verstärkungsanordnung die Kombination Photozelle-Verstärker durch einen Elektronenvervielfacher mit Vorteil ersetzt werden kann. Wir wollen in diesem Abschnitt die Schwankungen berechnen, indem wir der von SHOCKLEY und PIERCE[189] angegebenen Rechnungsmethode folgen.

Wie wir in Kap. VII, S. 73 schon angedeutet haben, ist die Größe der Schwankungen in einem Sekundärelektronenstrom:

$$\overline{(I_s - i_s)^2} = 2\varepsilon \cdot i_p \Delta v \sum_{n=0}^{n=\infty} n^2 \beta_n , \tag{33}$$

wo I_s den Sekundärelektronenstrom an einem Augenblick t darstellt, i_s und i_p die mittleren Sekundär- und Primärelektronenströme sind, ε die Ladung des Elektrons ist, Δv der Frequenzbereich, in dem die Messung stattfindet, und β_n derjenige Bruchteil der Primärelektronen, der n-Sekundärelektronen gelöst hat.

Diese Formel wollen wir in einer etwas abgeänderten Form schreiben und zwar:

$$\overline{(I_s - i_s)^2} = \overline{\Delta i_s^2} = \delta^2 \overline{\Delta i_p^2} + 2\varepsilon i_p \left(\overline{n^2} - \delta^2\right) \Delta v . \tag{34}$$

Daß die Formeln (33) und (34) identisch sind, ist leicht einzusehen, wenn man überlegt, daß

$$\overline{\Delta i_p^2} = \overline{(I_p - i_p)^2} = 2\varepsilon i_p \Delta v * \quad \text{und} \quad \sum_{n=0}^{\infty} n^2 \beta_n = \overline{n^2} \text{ ist.}$$

Die Formel (34) sagt, daß das mittlere Quadrat der Schwankungen im Sekundärelektronenstrom aus zwei Komponenten besteht. Die erste Komponente rührt von den Schwankungen im Primärelektronenstrom her, die zweite von der Tatsache, daß die Primärelektronen nicht alle die gleiche Anzahl Sekundärelektronen lösen.

Nennen wir $\dfrac{\overline{n^2} - \delta^2}{\delta^2} = b$, so bekommt die Formel (34) die Form:

$$\overline{\Delta i_s^2} = \delta^2 \overline{\Delta i_p^2} + 2\varepsilon i_s b \delta \Delta v . \tag{34a}$$

Die Formel (34a) wollen wir jetzt zur Berechnung der Größe des „Rauschens" im Sekundärelektronenvervielfacher anwenden. Dazu wollen wir annehmen, daß für alle Stufen b und δ den gleichen Wert haben. Nach (34a) (zweiter Term im zweiten Glied) gibt jede Stufe eine extra Stromschwankung, die dem Produkt $b\delta$ und dem austretenden Strom proportional ist. Diese Stromschwankung wird im Multiplikator von den weiteren Stufen verstärkt. In einer Röhre mit t-Stufen ist die Größe der extra Stromschwankung, die von der r^{ten} Stufe geliefert wird:

$$(2\varepsilon i_p \delta^r \Delta v) (\delta b) (\delta^{t-r})^2 .$$

Schreibt man die Totalverstärkung der Röhre $\delta^t \equiv D$, so wird der

---

* Vgl. Kap. VII, S. 73.

Ausdruck für die extra Stromschwankung $2\varepsilon\, i_{\text{tot}}\, D\, \dfrac{b}{\delta^r - 1}\, \Delta\nu$, wenn i_{tot} der mittlere Ausgangsstrom des Vervielfachers ist. Die totale Größe der Schwankungen im Ausgangsstrom, Δi_{tot}^2, wird nun:

$$\overline{\Delta i_{\text{tot}}^2} = D^2\, \overline{\Delta i_p^2} + 2\varepsilon\, i_{\text{tot}}\, D\, b\, \Delta\nu \left[1 + \frac{1}{\delta} + \cdots\cdots \frac{1}{\delta^t - 1}\right]$$

oder

$$\overline{\Delta i_{\text{tot}}^2} = D^2\, \overline{\Delta i_p^2} + D^2\, \overline{\Delta i_p^2} \cdot b\, \frac{1 - \dfrac{1}{D}}{1 - \dfrac{1}{\delta}}. \tag{35}$$

SHOCKLEY und PIERCE haben an Experimenten von ZWORYKIN, MALTER und MORTON[138] die Größe von b bestimmt; es zeigt sich, daß b von der Größenordnung 0,25 ist. Das will also sagen, daß die Stromschwankungen, die durch die Tatsache, daß nicht alle Primärelektronen die gleiche Anzahl Sekundärelektronen lösen, hervorgerufen werden, klein sind gegenüber den Schwankungen, die vom primären Elektronenstrom hervorgerufen werden.

§ 14. Anwendung des Elektronenmultiplikators als Verstärker.

Wir wollen besprechen, welche Vorteile der Elektronenvervielfacher über die Kombination Photozelle-Verstärker bietet. Zuerst wollen wir die Grenze berechnen, die vom Schroteffekt in den beiden Verstärkeranordnungen bestimmt wird; wir werden den Strom berechnen, der noch verstärkt werden kann, wenn man fordert, daß das Verhältnis Rauschenergie-Nutzenergie 0,2 nicht übersteigt. Wenn bei der Anordnung Photozelle-Verstärker die Schwankungen von den Stromschwankungen im ersten Kopplungswiderstand, den wir von der Größe $10^4\,\Omega$ annehmen, verursacht werden, und weiter der Frequenzbereich auf 10^6 gestellt wird, so ist der kleinste Strom, der noch verstärkt werden kann, $8\times10^{-9}\,\text{A}$[138]. Mit dem Elektronenvervielfacher mit $\delta = 5$ kann jedoch ein Strom von $4\times10^{-11}\,\text{A}$ verstärkt werden, also um einen Faktor 200 kleiner. Bei der Verstärkung sehr kleiner Ströme bietet der Elektronenvervielfacher also große Vorteile.

Aber nicht nur wegen des niedrigen Rauschniveaus ist der Elektronenmultiplikator nützlich. Als Verstärker arbeitet er linear, wenn die Ströme nicht so groß werden, daß sie durch Raumladung begrenzt werden. Auch verstärkt der Vervielfacher frequenzunabhängig; die obere Grenze wird von der Laufzeit der Elektronen bestimmt, so daß noch Wechselströme mit einer Frequenz von $10^8\,\text{Hz}$ gut verstärkt werden können.

Wegen aller hier genannten günstigen Eigenschaften ist der Gebrauch des Elektronenvervielfachers bei der übrigens veralteten Fernsehübertragung mit der Nipkowscheibe, wobei es sich um die frequenzunabhängige Verstärkung von durch äußerst kleine Lichtquantitäten erregten Photoströmen handelt, geeignet. Auch wird die Verstärkung mit Multiplikatoren mehr und mehr beim Tonfilm und bei den Fernsprechanordnungen mit modulierten Lichtstrahlen angewendet. In der Astronomie wird der Elektronenvervielfacher zur Registrierung des Durchganges eines Sternes durch den Mittelpunkt eines Spiegelteleskopes und Fernrohres benutzt.

Auch als Zähler kurzwelliger Photonen und schneller Elektronen und Ionen (α-Teilchen, Protonen usw.) wird der Elektronenmultiplikator benutzt. In diesem Falle ist es notwendig, daß die Kathode nicht photoelektrisch empfindlich ist *, weil der thermisch emittierte Dunkelstrom (vgl. § 12) möglichst klein sein soll. So beschreibt ALLEN[194] eine Anordnung, bei der der Elektronenmultiplikator als Zählapparat in einem Massenspektrographen verwendet wurde. Auch BAY[164] und RANN[184 a] haben den Elektronenmultiplikator als Zähler für Photonen benutzt.

§ 15. Anwendung der Sekundärelektronenemission für die Verstärkung von Bildern im Infrarotteleskop.

Das von HOLST, DE BOER, TEVES und VEENEMANS ** angegebene Infrarotteleskop hat zum Zweck, Gegenstände, die nur infrarotes Licht ausstrahlen, sichtbar zu machen. Das Infrarotteleskop in einfachster Form (Abb. 100) besteht aus einer durchsichtigen Photokathode K, die bei Bestrahlung mit infrarotem Licht Elektronen emittiert, welche in einem elektrischen Felde Energie aufnehmen und mit großer

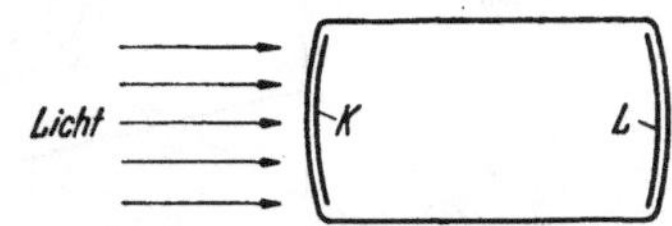

Abb. 100.   Prinzip des Infrarotteleskopes nach HOLST, DE BOER, TEVES und VEENEMANS. K Kathode; L Leuchtschirm.

Energie (4000 eV) einen Leuchtschirm L treffen. Wenn nun der sichtbar zu machende Gegenstand auf der Kathode abgebildet wird und der Abstand von der Kathode zum Schirm klein ist, so gelingt es, das Elektronenbild von der Kathode auf den Schirm in gleicher Größe abzubilden. Eine noch bessere Abbildung erhält man, wenn man dafür eine Elektronenlinse (Magnetspule) zwischen Kathode und Schirm benutzt (COETERIER und TEVES).

Wenn die Beleuchtung des Gegenstandes schwach ist, so ist das Bild auf dem Schirm natürlich auch schwach. Eine Verstärkung ist möglich, indem man zwischen Kathode und Schirm eine Anzahl Platten mit großer Sekundäremissionsfähigkeit schaltet, während man darauf achtgibt, daß das Bild nicht in irgendeiner Weise verzerrt wird[119]. Dies erreicht man durch eine von COETERIER und TEVES angegebene Anordnung, die schematisch in Abb. 101 dargestellt ist und bei der eine magnetische Linse mit gekrümmten Kraftlinien benutzt wird. Sie besteht aus einer Photokathode K, einer sekundäremittierenden Elektrode T und der als

---

* Anm. bei der Korrektur: Neuerdings haben einige Forscher [227, 234, 236] vom A.E.G. Forschungsinstitut mitgeteilt, daß Be-Legierungen eine große δ haben. Diese sollen zu diesem Zweck geeignet sein.

** HOLST, G., J. H. DE BOER, M. C. TEVES u. C. F. VEENEMANS: Physica, Haag Bd. 1 (1934) S. 297.

Schirm ausgebildeten Endanode A. Man kann sich die Anordnung in einem dreiachsigen Koordinatensystem aufgestellt denken; die Kathode K und die Anode A liegen in der YOZ-Fläche, die sekundäremittierende Platte in der XOZ-Fläche. Für die Steuerung der Elektronenstrahlen werden zwei Magnetspulen mit den Windungsflächen der XOZ- bzw. YOZ-Fläche parallel benutzt. Hierdurch wird ein Magnetfeld mit kreisförmigen Kraftlinien hervorgerufen, wie in der Abbildung mit dem Pfeil H angegeben ist. Weiter sind in der Nähe der Platten drei ringförmige Elektroden R_K, R_T, R_A angebracht. Die Ringe sind auf gleichem Potential, z..B. 5000 V (die Kathode auf Nullpotential gerechnet), die sekundäremittierende Elektrode ist auf 500 V. Die Elektronen bewegen sich zwischen den Ringen in einem feldfreien Raum. Die von K emittierten Elektronen treffen die sekundäremittierende Elektrode T also mit einer Energie von 500 eV, d. h. die Energie, bei der δ maximal ist. Im Zwischenraum haben diese Elektronen eine Energie von 5000 eV, die Sekundärelektronen 4500 eV. Die Stellen, wo die sekundäremittierende Platte bzw. die Endanode montiert sind, werden von den Bahnen, die die Elektronen

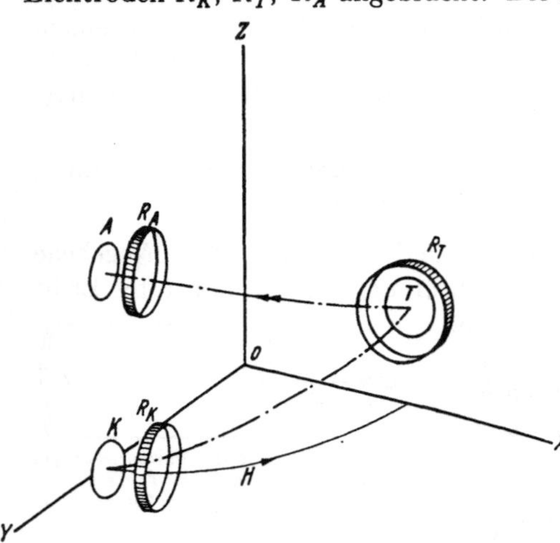

Abb. 101. Prinzip der Methode zur Verstärkung von Elektronenbildern mittels Sekundärelektronenemission. (Nach COETERIER und TEVES [119].)

zurücklegen, bestimmt. Es läßt sich beweisen, daß diese Bahnen Spiralbahnen sind, die um eine Spirale, welche in der Abbildung mit einer Punkt-Strichlinie angedeutet ist, gewickelt sind. Diese mit der Punkt-Strichlinie angedeutete Spiralbahn wird von den Elektronen, bei denen die Zentrifugalkraft und die Lorentzkraft einander aufheben, zurückgelegt. Daraus folgt, daß die von T emittierten Sekundärelektronen nicht, wie man glauben könnte, die gleiche Bahn zur Kathode K in entgegengesetzter Richtung zurücklegen, denn in diesem Falle hätten Zentrifugalkraft und Lorentzkraft die gleiche Richtung. Sie folgen dagegen Bahnen, die um die mit zwei Pfeilpunkten angedeuteten spiralförmige Punkt-Strichlinie spiralisiert sind. Das Sekundärelektronenbild entsteht daher an einer Stelle neben der Photokathode (in der Abbildung der Endanode). Es ist deutlich, daß eine derartige Röhre auch mit mehreren sekundäremittierenden Elektroden versehen werden kann. Es ist jedoch unwahrscheinlich, daß man mittels einer Verstärkung dieser Art die Sichtbarkeit des Bildes stark erhöhen wird, weil auch der „Hintergrund" mitverstärkt wird.

§ 16. Gebrauch von Oberflächen mit großem Sekundäremissionsvermögen in Verstärkerröhren.

Auch in den gewöhnlichen Verstärkerröhren mit Heizkathode können Oberflächen mit großem Sekundäremissionsvermögen benutzt werden. Eine schematische Anordnung ist in Abb. 102 dargestellt. Sie besteht im Prinzip aus einer thermisch emittierenden Kathode K, einem Steuergitter G, der sekundäremittierenden Kathode T und der Anode A. Die Bahn der Elektronen ist aus der Abbildung ersichtlich. In Wirklichkeit ist es noch nicht gelungen, eine gut arbeitende Röhre auf diese einfache Weise herzustellen. Die thermisch emittierende Kathode K, die aus Mischkristallen von BaO und . SrO besteht, emittiert nämlich außer Elektronen auch Bariumatome. Wenn Bariumatome die sekundäremittierende Kathode T treffen, so wird diese mit einer Schicht Barium

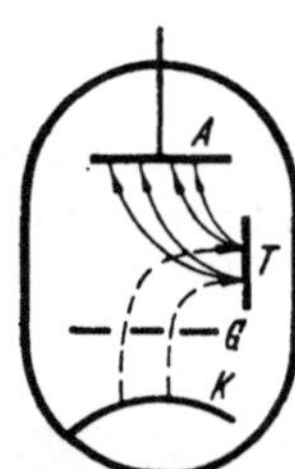

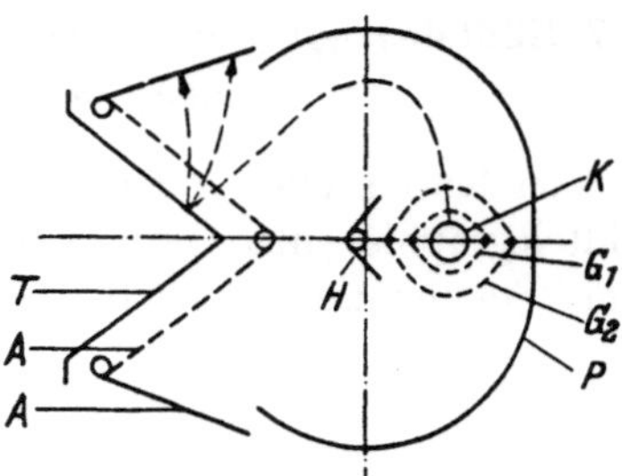

Abb. 102. Prinzip der Verstärkung von Elektronenströmen in der Sekundäremissionsempfangsröhre. K Kathode; G Steuergitter; T Sekundäremissionsplatte; A Anode.

Abb. 103. Sekundäremissionsröhre nach Jonker und van Overbeek[170]. K Kathode; G_1 Steuergitter; G_2 Schirmgitter; P Schirmplatte auf Kathodenpotential; T Sekundäremissionsplatte; H Schirm; A Anode.

überdeckt und die Sekundäremission ist bald verdorben*. Abb. 103 gibt nun eine von Jonker und van Overbeek[170] und Jonker und Teves[172] beschriebene Anordnung, wo diese Schwierigkeit nicht besteht. Der primäre Elektronenstrom wird hier vom System Kathode K, Steuergitter G_1, Schirmgitter G_2 emittiert. Dieses System ist von einem Schirm P umschlossen, der auf Kathodenpotential ist, wodurch die Elektronen, die die Maschen des Schirmgitters G_2 verlassen, während sie eine gekrümmte Bahn zurücklegen, die sekundäremittierende Elektrode T erreichen. Die Sekundärelektronen werden von der Anode A eingefangen. Die Bariumatome können die sekundäremittierende Elektrode T nicht treffen, weil zwischen K und T ein besonderer Schirm aufgestellt ist, der die von der Kathode verdampfenden Moleküle und Atome auffängt.

Eine derartig konstruierte „Sekundäremissionsröhre" hat eine größere Steilheit als eine Röhre ohne Sekundäremissionsverstärkung bei gleichem Anodenstrom. Dies wird gezeigt mittels der nachfolgenden Rechnung: Für den Kathodenstrom I_K ist folgende Formel gültig:

$$I_K = A\,(V_g + b)^p.$$

* Vgl. dieses Kapitel, S. 89 und Kap. III.

A, b und p sind Konstanten, V_g ist die Potentialdifferenz zwischen Kathode und Steuergitter. Ohne Sekundäremission ist die Steilheit:

$$\frac{d\,I_K}{d\,V_g} = A\,p\,(V_g + b)^{p-1} = A^{1/p}\,p\,I_K^{\frac{p-1}{p}}. \tag{36}$$

Mit Sekundäremission ist $I_a \sim \delta\,I_K$, so daß (36) wird

$$\frac{d\,I_a}{d\,V_g} = \delta^{1/p}\,A^{1/p}\,p\,I_a^{\frac{p-1}{p}}. \tag{37}$$

Bei gleichem Anodenstrom ist die Steilheit also um einen Faktor $\delta^{1/p}$ größer. Bei $\delta = 5$ und $p = 1{,}6$ ist die Steilheit der Sekundäremissionsröhre um einen Faktor 2,6 größer als die Steilheit einer Röhre ohne Sekundärelektronenemission.

§ 17. Bildtelegraphie durch Anwendung von Oberflächen verschiedener Sekundäremissionsfähigkeit.

Von KNOLL und anderen Untersuchern[110, 111, 203] ist ein System für Bildtelegraphie entwickelt worden, bei dem Oberflächen mit verschiedener Sekundäremissionsfähigkeit benutzt werden. Das zu übertragende

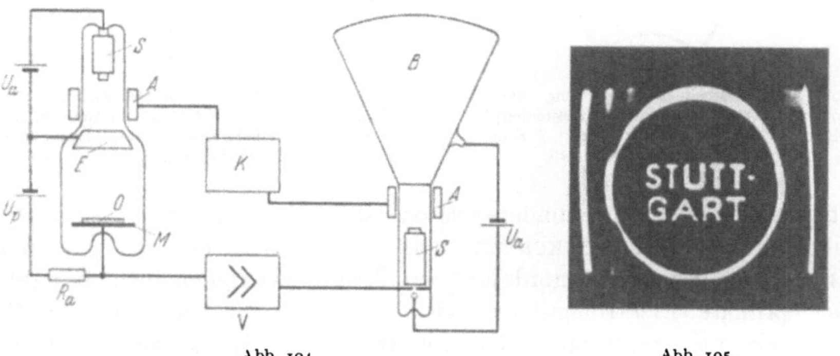

Abb. 104.   Abb. 105.

Abb. 104. Prinzip der Bildübertragung durch Abtastung von Oberflächen verschiedener Sekundäremissionsfähigkeit nach KNOLL und THEILE. S Abtaststrahler; A Ablenkspulen; O Objektschicht mit zu übertragendem Bild; E Anode; V Breitbandverstärker; K Kippgerät; B Empfangsröhre.

Abb. 105. Sekundäremissionsbild einer Nickelplatte mit Kohlenschrift. (Nach KNOLL und THEILE.)

Bild wird mittels eines Stoffes von niedrigem Sekundäremissionsvermögen auf einer Unterlage mit größerem δ, z. B. Kohle auf Nickel, abgebildet. Das Umgekehrte ist natürlich auch möglich. Eine derartige Platte wird nun in einer Kathodenstrahlröhre montiert und mit einem Kathodenstrahl abgetastet. Bei dem Übergang des Strahles von Nickel auf Kohle oder umgekehrt entstehen über dem Widerstand R_a, der in der Schirmzuleitung aufgenommen ist (Schaltschema in Abb. 104), Wechselspannungen, die durch den Verstärker V verstärkt werden; die verstärkten Spannungen modulieren den Strahlstrom der Kathodenstrahlröhre B

an der Empfangsseite. Die Strahlen in beiden Röhren werden synchron durch das Kippgerät K abgelenkt.

Das auf der Kathodenstrahlröhre B erhaltene Bild ist von guter Qualität, wie aus Abb. 105 ersichtlich. Auch das in Abb. 38 (Kap. III) dargestellte Bild ist in der obenbeschriebenen Weise hergestellt worden.

Literaturverzeichnis.

Übersichtsartikel.

1. LENARD, P.: Quantitatives über Kathodenstrahlen. Heidelberg 1918 und 1925.
2. — u. A. BECKER: Handbuch der Experimentalphysik, Bd. 14, Kathodenstrahlen.
3. KOLLATH, R.: Sekundärelektronenemission fester Körper. Phys. Z. Bd. 38 (1937) S. 202.
4. WARNECKE, R.: Lois principales de l'émission d'électrons secondaires par la surface des métaux. Onde électr. Bd. 16 (1937) S. 509.

Ursprüngliche Veröffentlichungen.
1902—1919.

5. AUSTIN, L. u. H. STARKE: Über die Reflexion der Kathodenstrahlen und eine damit verbundene neue Erscheinung sekundärer Emission. Ann. Phys., Lpz. Bd. 9 (1902) S. 271.
6. — — Über die Reflexion der Kathodenstrahlen und eine damit verbundene neue Erscheinung sekundärer Emission. Verh. dtsch. phys. Ges. Bd. 4 (1902) S. 106.
7. LENARD, P.: Über die Beobachtung langsamer Kathodenstrahlen mit Hilfe der Phosphoreszenz und Sekundärentstehung von Kathodenstrahlen. Ann. Phys., Lpz. Bd. 12 (1903) S. 449.
8. — Über sekundäre Kathodenstrahlung in gasförmigen und festen Körpern. Ann. Phys., Lpz. Bd. 15 (1904) S. 485.
9. FÜCHTBAUER, CH.: Über die Geschwindigkeit der von Kanalstrahlen und von Kathodenstrahlen beim Auftreffen auf Metalle erzeugte negative Strahlen. Phys. Z. Bd. 7 (1906) S. 748.
10. — Über die Geschwindigkeit der von Kanalstrahlen und von Kathodenstrahlen beim Auftreffen auf Metalle erzeugte negative Strahlen. Verh. dtsch. phys. Ges. Bd. 8 (1906) S. 394.
11. — Über Sekundärstrahlen. Ann. Phys., Lpz. Bd. 23 (1907) S. 301.
12. LAUB, J.: Über sekundäre Kathodenstrahlen. Ann. Phys., Lpz. Bd. 23 (1907) S. 285.
13. BAEYER, O. v.: Über langsame Kathodenstrahlen. Verh. dtsch. phys. Ges. Bd. 10 (1908) S. 96.
14. — Über langsame Kathodenstrahlen. Phys. Z. Bd. 10 (1909) S. 168.
15. — Reflexion und Sekundärstrahlung langsamer Kathodenstrahlen. Phys. Z. Bd. 10 (1909) S. 176.
16. GEHRTS, A.: Reflexion und Sekundärstrahlen lichtelektrisch ausgelöster Kathodenstrahlen. Ann. Phys., Lpz. Bd. 36 (1911) S. 995.
17. CAMPBELL, N. R.: Delta rays produced by beta rays. Phil. Mag. Bd. 24 (1912) S. 783.
18. — Ionization by charged particles. Phil. Mag. Bd. 25 (1913) S. 803.
19. — The ionization of platinum by cathode rays. Phil. Mag. Bd. 28 (1914) S. 286.

20. CAMPBELL, N. R.: The ionization of metals by cathode rays. Phil. Mag. Bd. 29 (1915) S. 369.
21. HULL, A. W.: The reflection of slow moving electrons by copper. Phys. Rev. Bd. 7 (1916) S. 1.
21a. — Negative resistance. Phys. Rev. Bd. 7 (1916) S. 141.
22. DADOURIAN, H. M.: Reflection of electrons from metal surfaces. Phys. Rev. Bd. 14 (1919) S. 434.

1921.

23. BARBER, J. G.: Secondary electron emission from copper surfaces. Phys. Rev. Bd. 17 S. 322.
24. MILLIKAN, R. A. u. J. G. BARBER: On the reflection and reemission of electrons from metal surfaces and a method of measuring the ionizing potential of such surfaces. Proc. nat. Acad. Sci., Wash. Bd. 7 S. 13.
25. TATE, J. T.: The effect of angle of incidence on the reflection and secondary emission of slow moving electrons from platinum. Phys. Rev. Bd. 17 S. 394.

1922.

26. BALTRUSCHAT, M. u. H. STARKE: Über sekundäre Kathodenstrahlung. Phys. Z. Bd. 23 S. 403.
27. DAVISSON, C. u. C. H. KUNSMAN: The secondary electron emission from nickel. Phys. Rev. Bd. 20 S. 110.
28. FARNSWORTH, H. E.: Bombardment of metal surfaces by slow moving electrons. Phys. Rev. Bd. 20 S. 358.
29. MCALLISTER, L. E.: The effect of ageing on the secondary electron emission from copper surfaces. Phys. Rev. Bd. 19 S. 246.
30. TANK, F.: Zur Kenntnis der Vorgänge in Elektronenröhren. Jb. drahtl. Telegr. Bd. 20 S. 82.

1923.

31. MCALLISTER, L. E.: Secondary electron emission from copper and copperoxide surfaces. Phys. Rev. Bd. 21 S. 122.
32. LANGMUIR, I.: A new photo electriceffect: reflection of electrons induced by light. Sci. Bd. 58 S. 398.
33. VAN DER POL jr., BALTH.: Over electronenbewegingen in trioden. Physica, Haag Bd. 3 S. 253.
34. — Over de secundaire electronen in trioden, Handel. 19. Ned. Nat. en Geneesk. Congr. S. 108.
35. SCHONLAND, B. F. I.: The passage of cathode rays through matter. Proc. roy. Soc., Lond. Bd. A 104 S. 235.

1924.

36. STUHLMANN, O.: The minimum velocity of impact to produce secondary electron emission from tungsten. Phys. Rev. Bd. 23 S. 296.

1925.

37. BECKER, A.: Über die Geschwindigkeit der sekundären Kathodenstrahlung. Ann. Phys., Lpz. Bd. 78 S. 228.
38. — Über die Rückdiffusion, Reflexion und Sekundärstrahlerregung langsamer Kathodenstrahlen. Ann. Phys., Lpz. Bd. 78 S. 253.
39. FARNSWORTH, H. E.: Electronic bombardment of metal surfaces. Phys. Rev. Bd. 25 S. 41.
40. HULL, A. W. u. N. H. WILLIAMS: Determination of elementary charge from measurements of shot-effect. Phys. Rev. Bd. 25 S. 147.
41. LANGE, H.: Über die Sekundärstrahlung in Elektronenröhren. Jb. drahtl. Telegr. Bd. 26 S. 38.

42. PETRY, R. L.: Critical potentials in secondary electron emission from iron, nickel and molybdenum. Phys. Rev. Bd. 26 S. 346.
43. VAN DER POL jr., BALTH.: Über Elektronenbahnen in Trioden. Jb. drahtl. Telegr. Bd. 25 S. 121.
44. ROSE, E. L.: Soft X-rays and secondary electrons. Phys. Rev. Bd. 25 S. 883.
45. STUHLMANN, O.: The excitation of the M-series in iron by electronic impact. Phys. Rev. Bd. 25 S. 234.
46. TINGWALDT, C.: Über den Einfluß der Entgasung einer von Kathoden-strahlen getroffenen Metallplatte auf die ausgelöste Elektronenstrahlung. Z. Phys. Bd. 34 S. 280.

1926.

47. FARNSWORTH, H. E.: Secondary electrons from iron; critical potenials. Phys. Rev. Bd. 27 S. 243.
48. — Secondary electrons from iron. Phys. Rev. Bd. 27 S. 413.
49. PETRY, R. L.: Secondary electron emission from tungsten, copper and gold. Phys. Rev. Bd. 28 S. 362.

1927.

50. BRINSMADE, J. B.: Reflected and secondary electrons from an aluminium target. Phys. Rev. Bd. 30 S. 494.
51. BROWN, D. u. R. WHIDDINGTON: Electron „reflection" in vacuo. Nature, Lond. Bd. 119 S. 427.
52. — — Mitteilung über die „Reflexion" von Elektronen von Oberflächen in Vakuum. Proc. Leeds phil. lit. Soc. Bd. 1 S. 162.
52a. FARNSWORTH, H. E.: J. opt. Soc. Amer. Bd. 15 S. 290.
53. KREFFT, H. E.: O and N energy levels in the secondary emission of hot tungsten. Phys. Rev. Bd. 29 S. 908.
54. — Critical primary velocities in the secondary electron emission of tungsten. J. Franklin Inst. Bd. 204 S. 537.
55. — Kritische Geschwindigkeiten für die durch Elektronen an Wolfram ausgelöste sekundäre Kathodenstrahlung. Ann. Phys., Lpz. Bd. 84 S. 639.
56. SHARMAN, C. F.: The application of the method of the magnetic spectrum to the study of secondary electron emission. Proc. Cambridge phil. Soc. Bd. 23 S. 523.
57. — A differential retarding potential method for the study of the energy distribution of slow electron emission. Proc. Cambridge phil. Soc. Bd. 23 S. 922.

1928.

58. FARNSWORTH, H. E.: Energy distribution of secondary electrons from copper, iron, nickel and silver. Phys. Rev. Bd. 31 S. 405.
59. — Large angle scattering of low velocity electrons from copper, iron, nickel and silver. Phys. Rev. Bd. 31 S. 414.
60. — Secondary electron current as a function of crystal strukture. Phys. Rev. Bd. 31 S. 419.
61. HYATT, J. M.: Secondary electron emission produced by positive caesium ions. Phys. Rev. Bd. 32, S. 922.
62. — u. H. A. SMITH: Secondary electron emission from molybdenum. Phys. Rev. Bd. 32 S. 929.
63. JOFFÉ, A.: Über den Brechungsquotienten der DE BROGLIE-Wellen des Elektrons. Z. Phys. Bd. 48 S. 737.
64. KLEMPERER, O.: Über den Brechungsquotienten der DE BROGLIE-Wellen des Elektrons. Z. Phys. Bd. 47 S. 417.

65. Krefft, H. E.: Critical primary velocities in the secondary electron emission of tungsten. Phys. Rev. Bd. 31 S. 199.
66. Richardson, O. W.: The emission of secondary electrons and the excitation of soft X-rays. Proc. roy. Soc., Lond. Bd. A 119, S. 531.
67. Stehberger, K. H.: Über Rückdiffusion und Sekundärstrahlung mittelschneller Kathodenstrahlen an Metallen. Ann. Phys., Lpz. Bd. 86 S. 825.
68. Wehnelt, A.: Die Reflexionsversuche von Elektronen an Isolatoren und ihre Deutung durch Materiewellen. Z. Phys. Bd. 48 S. 165.
69. Wells, D. A.: Energy distribution among secondary electrons from nickel, aluminium and copper. Phil. Mag. Bd. 5 S. 367.

1929.

70. Daene, H. u. G. Schmerwitz: Prüfung der theoretischen Erklärungen der Sekundärelektronenemission von Isolatoren und damit zusammenhängende Erscheinungen. Z. Phys. Bd. 53 S. 404.
71. Sixtus, K.: Untersuchungen über Sekundäremission. Ann. Phys., Lpz. Bd. 3 S. 1017.

1930.

72. Copeland, P. L.: Secondary electrons from contaminated metal surfaces. Phys. Rev. Bd. 35 S. 293.
73. — Secondary electrons from contaminated surfaces. Phys. Rev. Bd. 35 S. 982.
73a. Obolensky F.: Über die Wirkung der Sekundärelektronen auf dem statischen Arbeitszustand der Eingitter. Arch. Elektrotechn. Bd. 52 S. 834.
74. Rao, S. R.: Total secondary electron emission from polycrystalline nickel. Proc. roy. Soc., Lond. Bd. A 128 S. 41.
75. — Total secondary electron emission from a single crystal face of nickel. Proc. roy. Soc., Lond. Bd. A 128 S. 57.
76. Richardson, O. W.: The emission of secondary electrons and the excitation of soft X-rays. Proc. roy. Soc., Lond. Bd. A 128 S. 63.
77. Rudberg, E.: Characteristic energy losses of electrons scattered from incandescent solids. Proc. roy. Soc., Lond. Bd. A 127 S. 111.
78. Soller, T.: The velocity distribution of secondary electrons from molybdenum. Phys. Rev. Bd. 36 S. 1212.
78a. Wagner, P. B.: Secondary electrons of high velocity from metals bombarded with cathode rays. Phys. Rev. Bd. 35 S. 98.

1931.

79. Ahearn, A. J.: The emission of secondary electrons from tungsten. Phys. Rev. Bd. 38 S. 1858.
80. Copeland, P. L.: Thesis Univ. Iowa.
81. Haworth, L. J.: Secondary electrons from molybdenum. Phys. Rev. Bd. 37 S. 93.
82. Kalaschnikoff, S.: Über den Aufladungsprozeß an der Oberfläche der Dielektrika bei der Beschießung mit langsamen Elektronen und positiven Teilchen. Z. Phys. Bd. 69 S. 380.
82a. Bouwers, A. u. J. H. van der Tuuk: Secondaire electronen in röntgen buizen. Physica, Haag Bd. 12 S. 274.

1932.

83. Copeland, P. L.: Total secondary emission of electrons from metals as a function of primary energy. Phys. Rev. Bd. 40 S. 122.

84. FRÖHLICH, H.: Theorie der Sekundärelektronenemission von Metallen. Ann. Phys., Lpz. Bd. 13 S. 229.
85. HAWORTH, L. J.: Energy distribution of secondary electrons from molybdenum. Phys. Rev. Bd. 42 S. 906.
86. HILSCH, R.: Die Reflexion langsamer Elektronen an Ionenkristallschichten zum Nachweis optischer Energiestufen. Göttinger Nachr. Bd. 2 S. 203.
87. — Der Elektronenstoß an Kristallschichten zum Nachweis optischer Energiestufen. Z. Phys. Bd. 77 S. 427.
88. TARTAKOWSKY, P. u. W. KUDRJAWZEWA: Sekundäre Elektronenemission von Nickel und Ferromagnetismus. Z. Phys. Bd. 75 S. 137.

1933.

89. COPELAND, P. L.: The variation of secondary emission with heat treatment. J. Franklin Inst. Bd. 215 S. 435.
90. — Secondary emission of electrons from molybdenum. J. Franklin Inst. Bd. 215 S. 593.
91. — Surface conditions and stability of characteristics in screengrid tubes. J. Franklin Inst. Bd. 216 S. 417.
92. HAYAKAWA, K.: Studies on the transformation of metals by secondary electron emission. Sci. Rep. Tohoku Univ. (1) Bd. 22 S. 934.
93. KALCKHOFF, G.: Über die Geschwindigkeitsverteilung der an Isolatoren ausgelösten Sekundärelektronen. Z. Phys. Bd. 80 S. 305.
94. DE LUSSANET, C. J. DE LA SABLONIÈRE: Die Sekundärelektronenemission in Elektronenröhren, namentlich Schirmgitterröhren. Hochfrequenztechn. Bd. 41 S. 195.
95. RAO, S. R.: Total efficiencies of soft X-ray excitation and secondary electron emission from metal faces. Current. Sci. Bd. 2 S. 93.
96. — The efficiency of secondary electron emission. Proc. roy. Soc., Lond. Bd. A 139 S. 436.

1934.

97. COPELAND, P. L.: Secondary emission of electrons from complex targets. Bull. Amer. phys. Soc. Bd. 9 S. 31.
98. — Secondary emission of electrons from complex targets. Phys. Rev. Bd. 45 S. 763.
99. — Correlation between variation of secondary electron emission and atomic number. Phys. Rev. Bd. 46 S. 167.
99a. FARNSWORTH, P. T.: Television by electron image Scanning. J. Franklin Inst. Bd. 2 S. 411.
99b. JOBST, G. u. F. LAMMER: Streuelektronen in Verstärkerröhren Telefunkenröhre Bd. 1 S. 8.
100. MOULLIN, E. B.: Measurement of shotvoltage used to deduce the magnitude of secondary thermionic emission. Proc. roy. Soc., Lond. Bd. A 147 S. 100.
101. RUDBERG, E.: Inelastic scattering of electrons from metals. Phys. Rev. Bd. 45 S. 764.
101a. SCHWARZENBACH, H.: Bestimmung der Primärelektronenströme in Trioden durch Energiemessungen. Helv. phys. Acta Bd. 7 S. 108.
102. TURNBULL, J. C. u. P. L. COPELAND: Secondary emission of electrons froms gold and aluminium. Phys. Rev. Bd. 45 S. 763.
103. WARNECKE, R.: Recherches expérimentales sur l'émission secondaire du tantale. J. Phys. Radium Bd. 5 S. 267.

1935.

104. ALDOUS, W. A. u. N. R. CAMPBELL: The effect of secondary emission upon the fluctuations of the current in a triode (Shot-effect). Proc. roy. Soc., Lond. Bd. A 151 S. 694.

105. Bruining, H.: Secundaire electronenemissie. Handel. 25e Ned. natuur-
en geneesk. Congr., S. 119.
106. Copeland, P. L.: Secondary emission of electrons of complex targets.
Phys. Rev. Bd. 48 S. 96.
107. Haworth, L. J.: The energy distribution of secondary electrons from
molybdenum. Phys. Rev. Bd. 48 S. 88.
108. Hayner, L. J.: Shot effects of secondary electron currents. Physics
Bd. 6 S. 323.
109. Iams, H. u. B. Salzberg: The secondary emission phototube. Proc.
Inst. Radio Engrs., N. Y. Bd. 23 S. 55.
110. Knoll, M.: Aufladepotential und Sekundäremission elektronenbestrahlter Körper. Phys. Z. Bd. 36 S. 861.
111. — Aufladepotential und Sekundäremission elektronenbestrahlter Körper. Z. techn. Phys. Bd. 16 S. 467.
112. Langenwalter, H. W.: Über Rückdiffusion und Sekundärstrahlerregung langsamer Kathodenstrahlen an dünnen Metallschichten. Ann.
Phys., Lpz. Bd. 24 S. 273.
113. Penning, F. M. u. A. A. Kruithof: Verstärkung von Photoströmen
durch Emission von Sekundärelektronen. Physica, Haag Bd. 2 S. 793.
114. Ziegler, M.: Shoteffect of secondary emission. Physica, Haag Bd. 2
S. 415.

1936.

115. Afanasjewa, A., P. Timofeew u. A. Ignaton: Sekundäre Elektronenemission dünner auf Glas niedergeschlagene Metallfilme. Techn. Physics
USSR. Bd. 3 S. 1011.
116. — — Die sekundäre Elektronenemission von oxydierten Silber- und
Molybdänoberflächen. Phys. Z. Sowjet. Bd. 10 S. 831.
117. Bruining, H.: The depth, at which secondary electrons are liberated.
Physica, Haag Bd. 3 S. 1046.
118. Chlebnikow u. Nalimow: Die Sekundärelektronenemission. Fortschr.
phys. Wiss. Bd. 16 S. 467.
119. Coeterier, F. u. M. C. Teves: An apparatus for the transformation
of light of long wave length into light of short wave length. III. Ampli-
fication by secondary emission. Physica, Haag Bd. 4 S. 33.
120. Dobroljubski, A.: Über die Wechselbeziehung zwischen der Sekundärelektronenemission mit der Fotoempfindlichkeit und dem Thermionen-
effekt. Z. Phys., Bd. 102 S. 626.
121. — On the correlation of the secondary emission of electrodes, possessing
photosensibility and the thermo-effect of ions. Phys. Z. Sowjet. Bd. 10
S. 242.
122. Haworth, L. J.: The energy distribution of secondary electrons from
columbium. Phys. Rev. Bd. 50 S. 216.
122a. Henneberg, W., K. Orthuber u. E. Steudal: Zur Wirkungsweise
des Elektronenvervielfachers. Z. techn. Phys. Bd. 17 S. 115.
123. Knoll, M.: Änderung der sekundären Elektronenemission von Isolatoren und Halbleitern durch Elektronenbestrahlung. Naturwiss. Bd. 24
S. 345.
124. Kwarzchawa, I. F.: Sekundäremission und Ermüdungserscheinungen
bei lichtempfindlichen Sauerstoff-Caesium-Elektroden. Phys. Z. Sowjet.
Bd. 10 S. 809.
124a. Lukjanov, S. u. W. N. Bernatovitch: J. exper. theor. Physics (russ.)
Bd. 7 S. 856.
125. Malter, L.: Anomalous secondary electronemission, a new phenomenon.
Phys. Rev. Bd. 49 S. 478.
126. — Thin film field emission. Phys. Rev. Bd. 50 S. 48.

127. RUDBERG, E.: Inelastic scattering of electrons from solids. Phys. Rev. Bd. 50 S. 138.
128. — u. J. C. SLATER: Theory of inelastic scattering of electrons from solids. Phys. Rev. Bd. 50 S. 150.
129. STRÜBIG, H.: Das Potential eines im Hochvakuum isolierten Auffangschirmes bei Beschießung mit Elektronen. Phys. Z. Bd. 37 S. 402.
130. TIMOFEEW, P. W. u. A. I. PJATNITZKI: Die sekundäre Elektronenemission einer Sauerstoff-Caesium-Elektrode. Phys. Z. Sowjet. Bd. 10 S. 518.
131. TRELOAR, L. R. G.: A method of measuring secondary emission of filaments. Proc. phys. Soc., Lond. Bd. 48, S. 488.
132. — Relation between secondary emission and workfunction. Nature, Lond. Bd. 137 S. 579.
133. WARNECKE, R.: Emission secondaire des metaux purs. J. Phys. Radium Bd. 7 S. 270.
134. — Potentiels critiques d'emission secondaire. J. Phys. Radium Bd. 7 S. 318.
135. WEISS, G.: Über Sekundärelektronen—Vervielfacher, Fernsehen—Tonfilm. Bd. 7 S. 41.
136. — Über Sekundärelektronenvervielfacher. Z. techn. Phys. Bd. 17 S. 623.
137. ZWORYKIN, V. K.: Elektronenoptische Systeme und ihre Anwendung. Z. techn. Phys. Bd. 17 S. 170.
138. — G. A. MORTON u. L. MALTER: The secondary emission multiplier, a new electronic device. Proc. Inst. Radio Engrs., N. Y. Bd. 24 S. 351.
139. ZIEGLER, M.: Shoteffect of secondary emission. I. Physica, Haag, Bd. 3 S. 1.
140. — Shoteffect of secondary emission. II. Physica, Haag Bd. 3 S. 307.

1937.

141. AFANASJEWA, A. u. P. W. TIMOFEEW: Sekundärelektronenemission von mit dünnen Alkalimetallschichten bedecktem Gold, Silber, Platin. Techn. Physics USSR. Bd. 4 S. 953.
142. BHAWALKAR, P. R.: An explanation of the maximum in secondary electron-emission of metals. Proc. Indian Sci. Bd. 6 S. 74.
143. BRUINING, H., J. H. DE BOER u. W. G. BURGERS: Secondary electron emission of soot in valves with oxidecathode. Physica, Haag Bd. 4 S. 267.
144. — — Secondary electron emission of metals with a low workfunction. Physica, Haag Bd. 4 S. 473.
145. COPELAND, P. L.: Secondary emission of electrons from sodium films on tantal. Bull. Amer. phys. Soc. Bd. 12 S. 12.
146. DOBROLJUBSKI, A.: Einige Daten zur Frage des Verhältnisses von sekundärer Elektronenemission und Fotoempfindlichkeit. Phys. Z. Sowjet. Bd. 11 S. 118.
147. *General Electric Company*: Secondary emission photocell. J. sci. Instrum. Bd. 14 S. 250.
148. HAGEN, C. u. A. BEY: Aufladepotential elektronenbestrahlter Körper. Z. Phys. Bd. 104 S. 681.
149. HAYNER, L. J. u. B. KURRELMEYER: Shoteffect of secondary electrons from nickel and beryllium. Phys. Rev. Bd. 52 S. 952.
150. KATZ, H.: Durchgang langsamer Elektronen durch Metallfolien. Wiss. techn. Ber. Osram Bd. 17 S. 75.
151. — Durchgang langsamer Elektronen durch Metallfolien. Z. techn. Phys. Bd. 18 S. 555.
152. KLUGE, W., O. BEYER u. H. STEYSKAL: Über Fotozellen mit Sekundäremissionsverstärkung. Z. techn. Phys. Bd. 18 S. 19.

153. KOLLATH, R. u. B. MROWKA: Elektronenemission. Jb. AEG-Forschung Bd. 5 S. 53.
154. KOLLER, L. R. u. R. P. JOHNSON: Visual observation of the MALTER-effect. Phys. Rev. Bd. 52 S. 519.
155. KRENZIEN, O.: Auslösung von Sekundärelektronen in Adsorptionsschichten. Z. techn. Phys. Bd. 18 S. 568.
155a. KUBETZKY, L. A.: Multiple amplifier. Proc. Inst. Radio Engrs., N. Y. Bd. 25 S. 421.
156. KWARZCHAWA, I. F.: Secondary emission and fatigue photoelectric surfaces. J. exper. theor. Phys. Bd. 7 S. 68.
157. MAHL, H.: Feldemission der geschichteten Kathoden bei Elektronenbestrahlung. Z. techn. Phys. Bd. 18 S. 559.
158. MÜLLER, H. O.: Die Abhängigkeit der Sekundärelektronenemission einiger Metalle vom Einfallswinkel des primären Kathodenstrahls. Z. Phys. Bd. 104 S. 475.
158a. MYERS, D. M.: The division of the primany electron current between grid and anode of a triode. Proc. phys. Soc., Lond. Bd. 49 S. 264.
159. NOTTINGHAM, W. B.: Electrical luminescence properties of willemite under electron bombardment. J. appl. Physics Bd. 8 S. 762.
160. PIORE, E. R.: Thin film field emission. Phys. Rev. Bd. 51 S. 1111.
161. SCHWITZKE, W.: Das Verhalten der Sekundärelektronenemission von Metallen in der Umgebung des Schmelzpunktes. Diss. Berlin.
162. TIMOFEEW, P. u. A. PJATNITZKI: Die Sekundärelektronenemission von Rb und K-Komplex-Kathoden. Techn. Physics USSR. Bd. 4 S. 945.
163. TRELOAR, L. R. G.: Secondary electron emission from complex surfaces. Proc. phys. Soc., Lond. Bd. 49 S. 392.

1938.

164. BAY, Z.: The electron multiplier as an electron counting device. Nature, Lond. Bd. 141 S. 284, 1011.
165. BRUINING, H. u. J. H. DE BOER: Secondary electron emission. Part I. Secondary electron emission of metals. Physica, Haag Bd. 5 S. 17.
165a. — Secondary electron emission. Part II. Absorption of secondary electrons. Physica, Haag Bd. 5 S. 901.
165b. — Secondary electron emission. Part III. Secondary electron emission, caused by bombardment with slow primary electrons. Physica, Haag Bd. 5 S. 913.
165c. — Sekundäre Elektronenemission. Philips techn Rdsch. Bd. 3 S. 80.
165d. — Diss. Leiden.
166. COPELAND, P. L.: Secondary emission of electrons from sodium on tantal. Phys. Rev. Bd. 53 S. 328.
167. DOBROLJUBSKI, A.: Photosensitivity and secondary electron emission from the oxygen caesium layers at diffusion. J. techn. Phys. Bd. 8 S. 266. Ref. Phys. Ber. Bd. 20 (1939) S. 206.
168. ENGBERT, W.: Das Rauschen der Sekundäremission. Telefunkenröhre Bd. 13 S. 127.
169. FLEISCHER, R.: Sekundäre Elektronen in Photozellen. Verh. dtsch. phys. Ges. Bd. 3 S. 12.
170. JONKER, J. L. H. u. M. C. TEVES: Technische Anwendungen der Sekunsäremission. Philips techn. Rdsch. Bd. 3 S. 137.
171. — Folgeerscheinungen der Sekundäremission in Verstärkerröhren. Philips techn. Rdsch. Bd. 3 S. 215.
172. — u. A. J. W. M. VAN OVERBEEK: Application of secondary emission in amplifier valves. Wireless Engr. Bd. 15 S. 150.

173. KATZ, H.: Elektronenoptische Versuche zum Durchgang langsamer Elektronen. Ann. Phys., Lpz. Bd. 33 S. 160, 169.

174. KHLEBNIKOW, N. u. KORSHUNOVA: Secondary emission of composite surfaces. Techn. Physics USSR. Bd. 5 S. 363.

175. — The influence of gases on the secondary emission of certain metals. Techn. Physics USSR. Bd. 5 S. 593.

176. KOLLATH, R.: Die Sekundärelektronenausbeute an Aufdampfschichten von Beryllium. Fernsehen. Tonfilm. Bd. 1 S. 4.

177. — Der Einfluß der geometrischen Anordnung der Atome auf die Sekundärelektronenemission. Naturwiss. Bd. 4 S. 60.

178. — Über die Sekundärelektronenemission des Berylliums. Ann. Phys., Lpz. Bd. 33 S. 285.

179. — Einige Versuche zur Sekundärelektronenemission. Phys. Z. Bd. 39 S. 916.

180. LUKJANOW, S.: On the dependence of the coefficient of the secondary emission on the angle of incidence of the primary electrons. Phys. Z. Sowjet. Bd. 13 S. 123.

180a. MACFADYEN, K. A.: A form of distortion known as the „BUZZ effect". Wireless Engr. Bd. 15 S. 310.

181. MAHL, H.: Feldemission aus geschichteten Kathoden bei Elektronenbestrahlung. Z. techn. Phys. Bd. 19 S. 313.

182. MORGULIS, N. u. A. NAGORSKY: A conference on the photoelectric effect and secondary emission. Techn. Physics USSR. Bd. 5 S. 244.

183. — — Secondary electron emission from oxide-eoated cathodes. Techn. Physics USSR. Bd. 5 S. 864.

184. MÜHLENPFORDT, J.: Über die Feldelektronenemission an dünnen Isolatorschichten. Z. Phys. Bd. 108 S. 698.

184a. RANN, W. H.: Nature, Lond. Bd. 141 S. 410.

184b. NELSON, H.: J. appl. Physics Bd. 9 S. 592.

185. RAJCHMAN, J.: Le courant résiduel dans les multiplicateurs d'électrons-electrostatiques. Thèse Genève.

186. RAO, S. R. u. P. S. VADACHARI: Secondary electron emission of nickel at the CURIE-Point. Ref. Chem. Abstr. Bd. 32 S. 8916.

187. SANDHAGEN, M.: Messungen über die an Prallnetzen ausgelösten Sekundärelektronen. Z. Phys. Bd. 110 S. 553.

188. SCHNEIDER, E. G.: Secondary emission of beryllium. Phys. Rev. Bd. 54 S. 185.

189. SHOCKLEY, W. u. J. R. PIERCE: A theory of noise for electron multipliers. Proc. Inst. Radio Engrs., N. Y. Bd. 26 S. 321.

190. TRELOAR, L. R. G. u. D. H. LANDON: Secondary electron emission from nickel, cobalt and iron as a function of temperature. Proc. phys. Soc., Lond. Bd. 50 S. 625.

190a. TRELOAR, L. R. G.: The measurement of secondary emission in valves. Wireless Engr. Bd. 15 S. 535.

191. TURNBULL, J. C. u. H. E. FARNSWORTH: The inelastic scattering of slow electrons from a silver single crystal. Phys. Rev. Bd. 54 S. 509.

192. VUDYNSKIJ, M.: The investigation of secondary electron emission from dielectrics by a thermal method. J. techn. Phys. Bd. 8 S. 790. Ref. Phys. Ber. Bd. 20 S. 437.

193. WARNECKE, R. u. M. LORTIE: Relation entre le coefficient d'émission secondaire et le travail d'extraction électronique de surfaces métalliques. Bull. Soc. franç. Phys. Bd. 412 S. 8.

1939.

194. ALLEN, J. S.: The detection of single positive ions, electrons and photons by a secondary emission multiplier. Phys. Rev. Bd. 55 S. 966.

195. ASCHENBRENNER, R.: Lampes à parcours électronique dirigé et lampes à emission secondaire. Onde électr. Bd. 18 S. 241.

196. DE BOER, J. H. u. H. BRUINING: Secondary electron emission. Part VI. Influence of external adsorbed ions and atoms on the secondary electron emission of metals. Physica, Haag Bd. 6 S. 941.

197. BRUINING, H. u. J. H. DE BOER: Secondary electron emission. Part IV. Compounds with a high capacity for secondary electron emission. Physica, Haag Bd. 6 S. 823.

198. — — Secondary electron emission. Part V. The mechanism of secondary electron emission. Physica, Haag Bd. 6 S. 834.

198a. CHRÉTIEN, L.: Tube électronique à émission sécondaire. Onde électr. Bd. 18 S. 38.

199. COOMES, E. A.: Total secondary electron emission from tungsten and thorium-coated tungsten. Phys. Rev. Bd. 55 S. 519.

200. COPELAND, P. L.: Secondary electrons from sodium films contaminated by gas. Phys. Rev. Bd. 55 S. 1270.

201. HAGEN, C.: Aufladepotential, Sekundäremission und Ermüdungserscheinungen elektronenbestrahlter Metalle und Leuchtsubstanzen. Phys. Z. Bd. 40 S. 621.

202. HINTERBERGER, H.: Über Sekundärelektronenemission und Aufladungserscheinungen an Isolatoren. Z. Phys. Bd. 114 S. 98.

202a. JONKER, J. L. H.: Pentode und tetrode output valves. Wireless Engr. Bd. 16 S. 274.

203. KNOLL, M. u. R. THEILE: Elektronenabtaster zur Strukturabbildung von Oberflächen und dünner Schichten. Z. Phys. Bd. 113 S. 260.

204. MAHL, H.: Beobachtungen über Sekundärelektronenemission von Alkali-Aufdampfschichten mit einer oszillographischen Methode. Jb. AEG-Forschung Bd. 6 S. 33.

205. MAJEWSKI, W.: Contribution à la technique des mesures de l'émission secondaire d'électrons. Acta phys. polon. Bd. 7 S. 327.

206. MARTIN, S. T. u. L. B. HEADRICK: Light output and secondary emission characteristics of luminescent materials. J. appl. Physics Bd. 10 S. 116.

207. NELSON, H.: Phenomenon of secondary emission. Phys. Rev. Bd. 55 S. 985.

208. PAETOW, H.: Über die als Nachwirkung von Gasentladungen an den Elektroden auftretende spontane Elektronenemission und die Feldelektronenemission an dünnen Isolatorschichten. Z. Phys. Bd. 111, S. 770.

209. PJATNITZKI, A.: Distribution of the energy of secondary electrons emitted by a composite caesium cathode. Phys. Ber. Bd. 20 S. 437.

210. SUHRMANN, R. u. W. KUNDT: Die Sekundärelektronenemission reiner Metalle in ungeordnetem und geordnetem Zustand. Naturwiss. Bd. 27 S. 548.

211. WARNECKE, R. u. M. LORTIE: Sur l'émission secondaire du beryllium. C. R. Acad. Sci. Paris Bd. 208 S. 429.

212. WOOLDRIDGE, D. E.: Theory of secondary emission. Phys. Rev. Bd. 56 S. 562.

213. — Secondary emission from evaporated nickel and cobalt. Phys. Rev. Bd. 56 S. 1062.

214. ZWORYKIN, V. K. u. J. RAJCHMAN: The electrostatic electron multiplier.
     Proc. Inst. Radio Engrs., N. Y. Bd. 27 S. 558.

1940.

215. HEIMANN, W. u. K. GEYER: Ein Verfahren zur direkten Messung der
     Sekundärelektronenausbeute an Isolatoren. Elektr. Nachr.-Techn. Bd. 17
     S. 1.
216. HASTINGS, A. E.: Secondary emission from films of silver on platinum.
     Phys. Rev. Bd. 57 S. 695.
217. KOLLATH, R.: Neue Methode zur Messung der Energieverstärkung von
     Sekundärelektronen. Techn.-wiss. Ber. Osram Bd. 20, S. 81.
218. NELSON, H.: Field enhanced secondary emission. Phys. Rev. Bd. 57
     S. 560.
218a. REICHELT, W.: Über den Temperatureinfluß auf die Sekundärelek-
     tronenemission der Metalle. Ann. Phys., Lpz. Bd. 38 S. 293.
219. SALOW, H.: Über den Sekundäremissionsfaktor elektronenbestrahlter
     Isolatoren. Z. techn. Phys. Bd. 21 S. 8.
219a. — Über die Winkelabhängigkeit der Sekundärelektronenemission von
     Isolatoren. Phys. Z. Bd. 19 S. 434.
219b. SCHITTHER, H.: Über die Eigenschaften von Sekundäremissions-
     schichten aus Magnesiumoxyd. Verh. dtsch. phys. Ges. Bd. 21 S. 45.
     Ref. Z. techn. Phys. Bd. 21 S. 376.
220. SCHERER, K.: Aufladung und Sekundärelektronenemission elektronen-
     bestrahlter Isolatoren. Arch. Elektrotechn. Bd. 34 S. 143.
221. TEVES, M. C.: Eine Photozelle mit Verstärkung durch Sekundäremission.
     Philips techn. Rdsch. Bd. 5 S. 261.
222. WOOLDRIDGE, D. E.: Temperature effects on the secondary emission
     from pure metals. Bull. Amer. phys. Soc. Bd. 15 Nr. 2 S. 33.
223. — Temperature effects in secondary emission. Phys. Rev. Bd. 58 S. 316.
224. — u. C. D. HARTMAN: The effects of order and disorder on secondary
     electron emission. Phys. Rev. Bd. 58 S. 381.

1941 *.

225. BECKER, A.: Zur R. KOLLATHs Bemerkung über den Temperaturein-
     fluß auf die Sekundärelektronenemission der Metalle. Ann. Phys., Lpz.
     Bd. 39 S. 23.
226. BEKOW, G.: Sekundärelektronenemission von Kupfereinkristallen bei
     kleinen Primärgeschwindigkeiten. Phys. Z. Bd. 42 S. 144.
227. GILLE, G.: Sekundärelektronenemission von Nickel-Berylliumlegie-
     rungen. Z. techn. Phys. Bd. 22 S. 228.
228. GÖRLICH, P.: Beitrag zur Frage der Sekundäremission aufgedämpfter
     Erdalkalimetallschichten. Phys. Z. Bd. 42 S. 129.
229. KOLLATH, R.: Über den Temperatureinfluß auf die Sekundärelektronen-
     emission der Metalle. Ann. Phys., Lpz. Bd. 39 S. 19.
230. — Zur Energieverteilung der Sekundärelektronen. Ann. Phys., Lpz.
     Bd. 39 S. 59.
231. — Neuere Untersuchungen über die Sekundärelektronenemission von
     Legierungen. Fernsehen—Tonfilm. S. 13.

* Die Literatur des Jahres 1941 wurde erst nach Abschluß der ersten
Korrektur aufgenommen. Der Inhalt wurde nur in einzelnen Fällen im
vorliegenden Text berücksichtigt.

232. KOLLATH, R.: Neuere experimentelle Untersuchungen über die Sekundärelektronenemission im Forschungsinstitut der AEG. .Verh. dtsch. phys. Ges. Bd. 22 S. 22.

233. MAURER, G.: Die Sekundärelektronenemission von Halbleitern bzw. Isolatoren. Z. Phys. Bd. 118 S. 122.

234. MATTHES, I.: Untersuchungen über die Sekundärelektronenemission von verschiedenen Legierungen. Z. techn. Phys. Bd. 21 S. 232.

235. PAETOW, H.: Eine neue, bei sehr niedrigen Drucken auftretende Form der feldelektrischen Emission an Metalloberflächen, die mit isolierenden Stoffen bestaubt sind. Z. Phys. Bd. 117 S. 399.

236. RAUDENBUSCH, H.: Einige Untersuchungen zur technischen Verwendung sekundäremittierender Schichten. Z. techn. Phys. Bd. 21 S. 237.

237. WOLFF, H.: Sekundärelektronen an lichtelektrischen ausgezeichneten Halbleitern. Ann. Phys., Lpz. Bd. 39 S. 591.

238. WECKER, F.: Neue Messungen der Absorption, Rückdiffusion und Sekundärstrahlerregung mittels schneller Kathodenstrahlen. Ann. Phys., Lpz. Bd. 40 S. 405.

Namenverzeichnis.

Sachverzeichnis.

S P R I N G E R - V E R L A G / B E R L I N

Technische Physik
in Einzeldarstellungen

herausgegeben von

Professor Dr. **W. Meissner,** München, und Professor Dr. **G. Holst,** Eindhoven

Band I:
Elektrische Höchstspannungen

Von Dr. **A. Bouwers,** Eindhoven

Mit 239 Abbildungen. IX, 333 Seiten. 1939. RM 29.40

Methoden zur Erzeugung hoher Spannungen. — Elektrische Felder. — Isolatoren (isolierende Medien). — Bauelemente von Hochspannungsanlagen. — Die Messung von Höchstspannungen. — Anwendungen von Höchstspannungen.

Band II:
Die technische Physik des Kraftwagens

Von Dr.-Ing. **Erich Wintergerst,** Berlin

Mit 174 Abbildungen. VII, 152 Seiten. 1940. RM 14.70, Ganzleinen RM 16.50

Wärmetechnische Fragen. — Mechanische Fragen. — Elektrische Fragen. — Akustische Fragen. — Optische Fragen.

Band III:
Physik und technische
Anwendungen der Lumineszenz

Von Dr. phil. habil. **Nikolaus Riehl**
Direktor der wissenschaftlichen Hauptstelle der Auergesellschaft AG., Berlin

Mit 83 Abbildungen. VII, 218 Seiten. 1941. RM 21.—, Ganzleinen RM 22.80

Definition des Begriffes Lumineszenzstrahlung. Abgrenzung der „Kristallphosphore" gegenüber sonstiger lumineszenzfähiger Materie. — Einleitender Überblick über die physikalischen Eigenschaften der Lumineszenz. — Arbeitsmethoden und apparative Hilfsmittel. — Charakteristische Merkmale der wichtigsten anorganischen Lumineszenzstoffe. — Physik der Lumineszenz von „Kristallphosphoren" und verwandten Leuchtstoffen. — Theorie der Lumineszenz von Kristallphosphoren. — Eigenschaften der Lumineszenz, die sich aus dem theoretischen Modell der Kristallphosphore ergeben. Vergleich zwischen Theorie und Erfahrung. — Kristallchemischer Aufbau der Kristallphosphore und verwandten Leuchtstoffe. — Technische Anwendungen der Lumineszenzstoffe.

Band IV:
Die technische Physik
der elektrischen Kontakte

Von Dr. **Ragnar Holm,** Berlin

Mit 130 Abbildungen. XII, 337 Seiten. 1941. RM 31.50 Ganzleinen RM 33.30

Ruhende Kontakte. — Gleit- und Schleifkontakte. — Abhebekontakte. — Aus der Geschichte der Kontaktlehre.

Zu beziehen durch jede Buchhandlung

S P R I N G E R = V E R L A G / B E R L I N

Elektronengeräte. Prinzipien und Systematik. Von Dr.-Ing. habil. **E. Brüche,** Direktor am AEG-Forschungsinstitut und Leiter des Physikalischen Laboratoriums, unter Mitarbeit von Dr. phil. A. Recknagel, Wissenschaftlicher Mitarbeiter am AEG-Forschungsinstitut. Mit 597 Abbildungen und 10 Großbildern. XVI, 447 Seiten. 1941. RM 45.—, Ganzleinen RM 48.—

Das freie Elektron in Physik und Technik. Vorträge von namhaften Fachgelehrten, veranstaltet durch den Bezirk Berlin des Verbandes Deutscher Elektrotechniker — vormals Elektrotechnischer Verein e. V. — in Gemeinschaft mit dem Außeninstitut der Technischen Hochschule Berlin. Herausgegeben von Professor Dr. **C. Ramsauer,** Berlin. Mit 223 Abbildungen. VII, 270 Seiten. 1940. RM 24.—, Ganzleinen RM 25.50

Die Elektronenröhre als physikalisches Meßgerät. Röhrenvoltmeter, Röhrengalvanometer, Röhrenelektrometer. Von Dozent Dr. **Josef Schintlmeister,** Wien. Mit 119 Abbildungen im Text. VIII, 179 Seiten. 1942. ⟨Springer-Verlag / Wien.⟩ RM 14.40

Moderne Mehrgitter-Elektronenröhren. Bau. Arbeitsweise. Eigenschaften. Elektrophysikalische Grundlagen. Von Dr. **M. J. O. Strutt,** Eindhoven. Zweite, vermehrte und verbesserte Auflage. Mit 242 Abbildungen im Text. VIII, 283 Seiten. 1940. RM 24.—, Ganzleinen RM 25.80

Die Kathodenstrahlröhre und ihre Anwendung in der Schwachstromtechnik. Von **Manfred von Ardenne.** Unter Mitarbeit von Dr.-Ing. Henning Knoblauch. Mit 432 Textabbildungen. VIII, 398 Seiten. 1933. Ganzleinen RM 36.—

Braunsche Kathodenstrahlröhren und ihre Anwendung. Von Regierungsrat Dr. phil. **E. Albertl,** Berlin. Mit 158 Textabbildungen. VII, 214 Seiten. 1932. RM 21.—

Anleitungen zum Arbeiten im Röhrenlaboratorium. Von **M. Knoll.** ⟨Dritter Teil der Anleitungen zum Arbeiten im elektrotechnischen Laboratorium von E. Orlich.⟩ Mit 57 Textabbildungen. IV, 67 Seiten. 1937. RM 3.—

Elektronen-Übermikroskopie. Physik, Technik, Ergebnisse. Von **Manfred von Ardenne.** Mit einem Titelbild, einer photographischen Tafel und 404 Abbildungen. XVI, 396 Seiten. 1940. RM 54.—, Ganzleinen RM 57.60

Verstärkermeßtechnik. Instrumente und Methoden. Von **Manfred von Ardenne.** Unter Mitarbeit von Wolfgang Stoff und Fritz Gabriel. Mit 246 Textabbildungen. VII, 235 Seiten. 1929. RM 20.25

Zu beziehen durch jede Buchhandlung